힐베르트의 기하학부터 에르되스의 정수론까지

달콤한 수학사 4

달콤한 수학사 4

힐베르트의 기하학부터 에르되스의 정수론까지

초 판 1쇄 발행일 2007년 8월 24일
개정판 1쇄 발행일 2017년 6월 9일

지은이 마이클 J. 브래들리
옮긴이 배수경 **삽화** 백정현
펴낸이 김지영 **펴낸곳** 지브레인[Gbrain]
편집 김현주 **감수** 박구연
마케팅 조명구 **제작 · 관리** 김동영

출판등록 2001년 7월 3일 제2005-000022호
주소 04047 서울시 마포구 어울마당로 5길 25-10 유카리스티아빌딩 3층
(구. 서교동 400-16 3층)
전화 (02)2648-7224 **팩스** (02)2654-7696
홈페이지 www.gbrainmall.com

ISBN 978-89-5979-470-6 (04410)
978-89-5979-472-0 (04410) SET

• 책값은 뒷표지에 있습니다.
• 잘못된 책은 교환해 드립니다.

힐베르트의 기하학부터 에르되스의 정수론까지

달콤한 수학사

마이클 J. 브래들리 지음 | **배수경** 옮김

4

Gbrain
지브레인

추천의 글

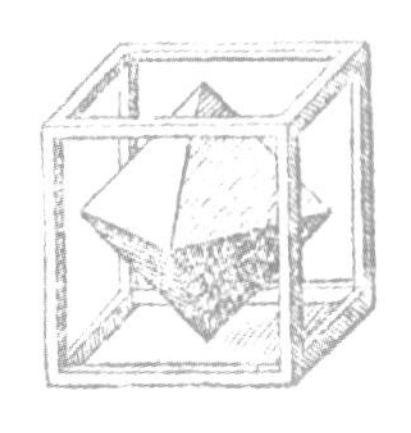

최근 국제수학연맹(IMU)은 우리나라의 국가 등급을 'II'에서 'IV'로 조정했다. IMU 역사상 이처럼 한꺼번에 두 단계나 상향 조정된 것은 처음 있는 일이라고 한다. IMU의 최상위 국가등급인 V에는 G8국가와 이스라엘, 중국 등 10개국이 포진해 있고, 우리나라를 비롯한 8개국은 그룹 IV에 속해 있다. 이에 근거해 본다면 한 나라의 수학 실력은 그 나라의 국력에 비례한다고 해도 과언이 아니다.

그러나 한편으로는 '진정한 수학 강국이 되려면 어떤 것이 필요한가?'라는 보다 근본적인 질문을 던지게 된다. 이제까지는 비교적 짧은 기간의 프로젝트와 외형적 시스템을 갖추는 방식으로 수학 등급을 올릴 수 있었는지 몰라도 소위 선진국들이 자리잡고 있는 10위권 내에 진입하기 위해서는 현재의 방식만으로는 쉽지 않다고 본다. 왜냐하면 수학 강국이라고 일컬어지는 나라들이 가지고 있는 것은 '수학 문화'이기 때문이다. 즉, 수학적으로 사고하는 것이 일상화되고, 자국이 배출한 수학자들의 업적을 다양하게 조명하고 기리는 등 그들 문화 속에 수학이 녹아들어 있는 것이다. 우리나라가 세계 수학계에서 높은 순위를 차지하고 있다든가, 우리나라의 학생들이 국제수학경시대회에 나가 훌륭한 성적을 내고 있는 것을 자랑하기 이전에 우리가 살펴보아야 하는 것은 우리나라에 '수학 문화'가 있느냐는 것이다. 수학 경시대회에서 좋은 성적을 낸다고 해서 반드시 좋은 학자가 되는 것은 아니기 때문이다.

학자로서 요구되는 창의성은 문화와 무관할 수 없다. 그리고 대학 입학시험에서 평균 수학 점수가 올라간다고 수학이 강해지는 것은 아니다. '수학 문화'라는 인프라가 구축되지 않고서는 수학이 강한 나라가 될 수 없다는 것은 필자만의 생각은 아닐 것이다. 수학이 가지고 있는 학문적 가치와 응용 가능성을 외면하고, 수학을 단순히 입시를 위한 방편이나 특별한 기호를 사용하는 사람들의 전유물로 인식하는 한 진정한 수학 강국이 되기는 어려울 것이다. 식물이 자랄 수 없는 돌로 가득 찬 밭이 아닌 '수학 문화'라는 비옥한 토양이 형성되어 있어야 수학이라는 나무는 지속적으로 꽃을 피우고 열매를 맺을 수 있다.

이 책의 원제목은《수학의 개척자들》이다. 수학 역사상 인상적인 업적을 남긴 50인을 선정하여 그들의 삶과 업적을 시대별로 정리하여 한 권당 10명씩 소개하고 있다. 중 · 고등학생들을 염두에 두고 집필했기에 내용이 난삽하지 않고 아주 잘 요약되어 있으며, 또한 각 수학자의 업적을 알기 쉽게 평가하고 설명하고 있다. 또한 각 권 앞머리에 전체 내용을 개관하여 흐름을 쉽게 파악하도록 돕고 있으며, 역사상 위대한 수학적 업적을 성취한 대부분의 수학자를 설명하고 있다. 특히 여성 수학자를 적절하게 배려하고 있다는 점이 특징이다. 일반적으로 여성은 수학적 능력이 남성보다 떨어진다는 편견 때문에 수학은 상대적으로 여성과 거리가 먼 학문으로 인식되어왔다. 따라서 여성 수학자를 강조하여 소개한 것은 자라나는 여학생들에게 수학에 대한 친근감과 도전정신을 가지게 하리라 생각한다.

어떤 학문의 정체성을 파악하려면 그 학문의 역사와 배경을 철저히 이해하는 일이 필요하다고 본다. 수학도 예외는 아니다. 흔히 수학은 주어진 문제만 잘 풀면 그만이라고 생각하는 사람도 있는데, 이는 수학이라는 학문적 성격을 제대로 이해하지 못한 결과이다. 수학은 인간이 만든 가장 오래된 학문의 하나이고 논리적이고 엄밀한 학문의 대명사이다. 인간은 자연현상이나 사회현상을 수학이라는 언어를 통해 효과적으로 기술하여 직면한 문제를 해결해 왔다. 수학은 어느 순간 갑자기 생겨난 것이 아니고 많은 수학자들의 창의적 작업과 적지 않은 시행착오를 거쳐 오늘날에 이르게 되었다. 이 과정을 아는 사람은 수학에 대한 이해의 폭과 깊이가 현저하게 넓어지고 깊어진다.

수학의 역사를 이해하는 것이 문제 해결에 얼마나 유용한지 알려 주는 이야기가 있다. 국제적인 명성을 떨치고 있는 한 수학자는 연구가 난관에 직면할 때마다 그 연구가 이루어진 역사를 추적하여 새로운 진전이 있기 전후에 이루어진 과정을 살펴 아이디어를 얻는다고 한다.

수학은 언어적인 학문이다. 수학을 잘 안다는 것은, 어휘력이 풍부하면 어떤 상황이나 심적 상태에 대해 정교한 표현이 가능한 것과 마찬가지로 자연 및 사회현상을 효과적으로 드러내는 데 유용하다. 그러한 수학이 왜, 어떻게, 누구에 의해 발전되어왔는지 안다면 수학은 훨씬 더 재미있어질 것이다.

이런 의미에서 이 책이 제대로 읽혀진다면, 독자들에게 수학에 대한 흥미와 지적 안목을 넓혀 주고, 우리나라의 '수학 문화'라는 토양에 한 줌의 비료가 될 수 있을 것이라고 기대한다.

박 창 균

(서경대 철학과 교수, 한국수학사학회 부회장, 대한수리논리학회장)

옮긴이의 글

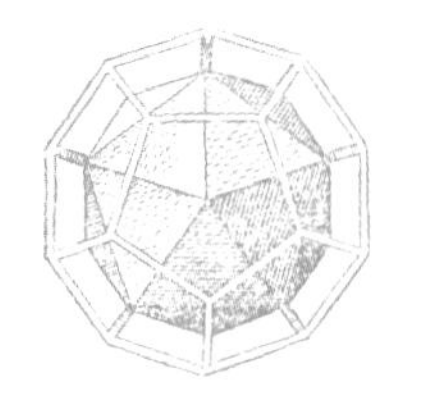

우리가 학교에서 배우는 수학은 교육 과정이 바뀌어도 변화가 없는 과목 중의 하나이다. 고대의 유클리드 원론에 있던 기하학의 내용에서부터 라이프니츠의 미적분학에 이르기까지 많은 수학 이론들은 오랜 세월 동안 변함없이 사랑받고 있다. 하지만 학생들은 수학이란 원래부터 존재해 있고, 자신의 의지와는 상관없이 그저 받아들이기만 하면 되는 것이라 느낀다. 마치 모세가 시내산에서 하느님으로부터 십계명을 받듯이 유클리드나 피타고라스가 그들의 착상이 번뜩이는 순간을 잘 정리해 책으로 만들어 우리를 괴롭히는 것만 같다.

사실 수학 책에 예쁘게 정리된 이론들도 처음부터 그런 모습은 아니었다. 엉성해 보이는 아주 작은 씨앗 같은 물음에서 출발해 선배 수학자들이 갖추어 놓은 이론들과 방법들을 빌어 조금씩 제 모양을 만들어 가는 것이다. 물론 사람에 따라 두뇌를 타고나 다른 사람보다 좀 더 빨리 이해하고, 좀 더 많은 것을 남기는 사람도 있을 것이다.

처음 번역 의뢰를 받을 때는 우리 주위에서 흔하게 볼 수 있는 일화 중심의 수학사이겠거니 했다. 하지만 각 시대별로 힘들고 아픈 기억을 가슴에 품었지만 자신의 수학적 재능을 사랑하고, 그 아이디어를 인류와 함께 공유하고자 하는 평범한 사람들의 이야기를 읽을 수 있었다.

특히 현대 수학을 이끌어 간 수학자들의 이야기를 담은 제4권 〈힐베르트의 기하학부터 에르되스의 정수론까지〉 편에서는 수업시간에 접하기 어려운 우리 시대의 수학자들이 소개되고 있다. 간단히 살펴보면 20세기 현대 수학의 아버지라 불리는 힐베르트에서부터 방랑하는 수학자 에르되스에 이르기까지 그들이 어떤 환경 속에서 수학의 씨앗을 품고, 그 열매를 거두어 다른 이들과 함께 공유할 수 있었는지 가감 없이 보여 주고 있다.

역자의 눈에는 이들 사이에 존재하는 특별한 공통점이 눈에 띄었는데, 그것은 '만남'이라는 것이다. 골방에서 혼자 고민하고 혼잣말을 중얼거리며, 자신이 발견한 이론을 자축하는 것이 흔히 떠올리는 수학자의 이미지겠지만, 이 책의 수학자들은 그렇지 않다. 그들은 골방을 뛰쳐나와 다른 사람을 만나면서 서로의 생각을 나누면서 시너지 효과를 창출해 냈다. 그러한 수학자중에서는 에르되스의 경우에는 에르되스 숫자를 만들어낼 정도로 다양한 만남을 가졌다. 이들이 혼자 공부했다면 물리적인 시간은 훨씬 많이 주어졌을지 모르나 수학의 열매는 최상품이 되지 못했을 것이다.

학교에서 학생들이 수학 공부하는 것을 보면 혼자 머릿속으로 공부하고 두세 번 눈으로 읽기만 한다. 하지만 어떤 과목보다 수학의 경우엔 다른 사람들을 많이 만나고, 이야기하고, 서로의 이야기를 들으라고 하고 싶다. 이 책의 수학자들이 그랬던 것처럼 만남이라는 거울을 통해 자신이 부족한 것을 발견해야 노력의 결과를 더 아름답게 맺을 수 있지 않을까?

이 책에서 소개된 수학의 내용은 고등학교 과정에서는 볼 수 없는 고급 과정의 수학이 많다. 그렇기 때문에 모든 내용을 이해하기는 어려울지도 모른다. 하지만 아름다운 수학의 꽃을 피우기 위해 애썼던 그들의 노력을 중점적으로 읽고, 그 가운데 더 깊이 알고자 하는 이론의 경우는 역주와 추가적인 학습을 통해 도움을 받을 것을 권한다.

배 수 경

(무원고등학교 교사)

들어가기 전에

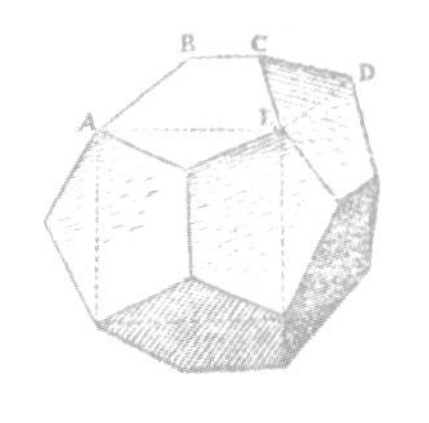

수학에 등장하는 숫자, 방정식, 공식, 등식 등에는 세계적으로 수학이란 학문의 지평을 넓힌 사람들의 이야기가 숨어 있다. 그들 중에는 수학적 재능이 뒤늦게 꽃핀 사람도 있고, 어린 시절부터 신동으로 각광받은 사람도 있다. 또한 가난한 사람이 있었는가 하면 부자인 사람도 있었으며, 엘리트 코스를 밟은 사람도 있고 독학으로 공부한 사람도 있었다. 직업도 교수, 사무직 근로자, 농부, 엔지니어, 천문학자, 간호사, 철학자 등으로 다양했다.

〈달콤한 수학사〉는 그 많은 사람들 중 수학의 발전과 진보에 큰 역할을 한 50명을 기록한 전 5권으로 된 시리즈이다. 이 시리즈는 그저 유명하고 주목할 만한 대표 수학자 50명이 아닌, 수학에 중요한 공헌을 한 수학자 50명의 삶과 업적에 대한 이야기를 담고 있다. 이 책에 실린 수학자들은 많은 도전과 장애물을 극복한 사람들이다. 그들은 새로운 기법과 혁신적인 아이디어를 떠올리고, 이미 알려진 수학적 정리들을 확장시켜 온 수많은 수학자들을 대표한다.

이들은 세계를 숫자와 패턴, 방정식으로 이해하고자 했던 사람들이라고도 할 수 있다. 이들은 수백 년간 수학자들을 괴롭힌 문제들을 해결하기도 했으며, 수학사에 새 장을 열기도 했다. 이들의 저서들은 수백 년간 수학 교육에 영향을 미쳤으며 몇몇은 자신이 속한 인종, 성별, 국적에서 수학적 개념을 처음으로 도입한 사람으로 기록되고 있다. 그들은 후손들이 더욱 진보할 수 있게 기틀을 세운 사람들인 것이다.

1권 〈탈레스의 증명부터 피보나치의 수열까지〉는 기원전 700년부터 서기 1300년까지의 기간 중 고대 그리스, 인도, 아라비아 및 중세 이탈리아에서 살았던 수학자들을 기록하고 있고, 2권 〈알카시의 소수값부터 배네커의 책력까지〉는 14세기부터 18세기까지 이란, 프랑스, 영국, 독일, 스위스와 미국에서 활동한 수학자들의 이야기를 담고 있다. 3권 〈제르맹의 정리부터 푸앵카레의 카오스이론까지〉는 19세기 유럽 각국에서 활동한 수학자들의 이야기를 다루고 있으며, 4 · 5권인 〈힐베르트의 기하학부터 에르되스의 정수론까지〉와 〈로빈슨의 제로섬게임부터 플래너리의 알고리즘

1권 《탈레스의 증명부터 피보나치의 수열까지》는 기원전 700년부터 서기 1300년까지의 기간 중 고대 그리스, 인도, 아라비아 및 중세 이탈리아에서 살았던 수학자들을 기록하고 있고, 2권 《알카시의 소수값부터 배네커의 책력까지》는 14세기부터 18세기까지 이란, 프랑스, 영국, 독일, 스위스와 미국에서 활동한 수학자들의 이야기를 담고 있다. 3권 《제르맹의 정리부터 푸앵카레의 카오스 이론까지》는 19세기 유럽 각국에서 활동한 수학자들의 이야기를 다루고 있으며, 4 · 5권인 《힐베르트의 기하학부터 에르되스의 정수론까지》와 《로빈슨의 제로섬게임부터 플래너리의 알고리즘까지》는 20세기에 활동한 세계 각국의 수학자들을 소개하고 있다.

까지〉는 20세기에 활동한 세계 각국의 수학자들을 소개하고 있다.

수학은 '인간의 노력적 산물'이라고 할 수 있다.

수학의 기초에 해당하는 십진법부터 대수, 미적분학, 컴퓨터의 개발에 이르기까지 수학에서 가장 중요한 개념들은 많은 사람들의 공헌에 의해 점진적으로 이루어져 왔기 때문일 것이다. 그러한 개념들은 다른 시공간, 다른 문명들 속에서 각각 독립적으로 발전해 왔다. 그런데 동일한 문명 내에서 중요한 발견을 한 학자의 이름이 때로는 그 후에 등장한 수학자의 저술 속에서 개념이 통합되는 바람에 종종 잊혀질 때가 있다. 그래서 가끔은 어떤 특정한 정리나 개념을 처음 도입한 사람이 정확히 밝혀지지 않기도 한다. 그렇기 때문에 수학은 전적으로 몇몇 수학자들의 결과물이라고는 할 수 없다.

진정 수학은 '인간의 노력적 산물'이라고 하는 것이 옳은 표현일 것이다. 이 책의 주인공들은 그 수많은 위대한 인간들 중의 일부이다.

머리말

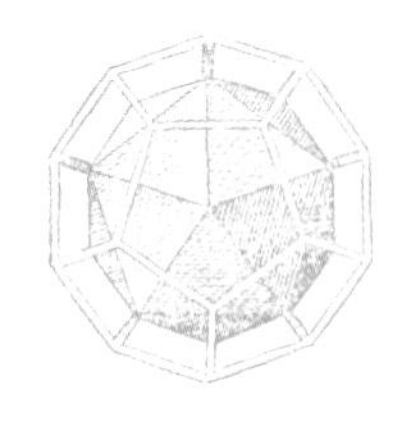

〈달콤한 수학사〉시리즈 중 4권인 〈힐베르트의 기하학부터 에르되스의 정수론까지〉 편에는 20세기 전반에 활약한 10명의 수학자들의 이야기가 담겨 있다. 그들은 순수수학과 응용수학의 양대 산맥에서 중요한 발견을 했으며 과학의 분야를 넓히는 데 공헌하고 컴퓨터 기술의 개발에 이바지했다. 이들은 과학의 새로운 분야를 개척함과 동시에 수학적인 방법에 대한 신세계를 보여주었다.

20세기 수학의 가장 큰 특징은 수학자들 자신의 혁신적인 생각을 공유하면서 연구 과제를 공동으로 수행한 국제적인 수학자들의 모임을 꼽을 수 있다. 가장 대표적인 일화로는 1900년에 개최된 제2차 '국제 수학자 회의'에서 독일 출신의 다비드 힐베르트가 20세기 초반의 연구 과제가 된 23개의 문제를 동료 학자들에게 제시한 것을 들 수 있다. 또한 폴란드의 수학자인 바츠와프 시에르핀스키는 '폴란드 학교'라고 알려진 애국적이며 건설적인 단체의 설립과 양성에 도움을 주었고, 영국의 고드프리 하디는 인도에서 독학하고 있던 라마누잔을 케임브리지 대학으로 초빙하여 5년간 공동 연구를 수행했다. 한편 헝가리의 폴 에르되스는 전 세계를 여행하면서 500명의 공동 연구자들과 함께 무려

1,500편의 책과 논문을 저술했으며 미국의 위너와 헝가리의 노이만은 수많은 과학자, 엔지니어들과의 공동 작업을 통해 물리학과 생물학, 경제학과 컴퓨터 과학의 초석을 쌓았다.

20세기 많은 수학자들의 생활과 연구에 큰 영향을 미친 것은 두 차례에 걸친 세계대전이었다. 시에르핀스키는 두 번의 세계대전 기간에 전쟁 포로로 경험을 한 바 있고, 영국의 수학자 그레이스 치셤 영은 2차 세계대전으로 인해 남편이 죽기 전 2년 동안 서로 헤어져 있어야 했으며, 독일의 유태인 수학자 뇌더는 히틀러 체제하의 독일에서 자신의 조국을 떠나야만 했다. 수학자들은 전쟁의 소용돌이 속에서 전쟁 기술 개발에도 참여했는데, 영국의 수학자인 앨런 튜링은 독일의 암호체계를 해독하는 컴퓨터 기술을 고안해냈고, 미국에서는 그레이스 호퍼가 포탄의 탄도 계산을 자동화하는 방법을 개발해냈다. 뿐만 아니라 위너는 대공포의 효율을 높이는 알고리즘을 개발했고, 노이만은 원자폭탄과 핵무기 개발의 수학적 분석에서 핵심적인 역할을 수행했다.

이렇듯 이 책에 소개된 10인의 수학자들은 수학과 과학의 새로운 분야를 발견하고 개척하는 데 있어 매우 중요한 역할을 했다고 할 수 있다. 힐베르트와 뇌더의 경우 무한차원 벡터공간과 대수적 환의 개념을 도입했는데 이것들은 이들 발견자의 이름을 붙일 정도로 중요한 개념이었다. 그런가 하면 라마누잔은 확률론적 정수론의 기초를 닦았고, 에르되스는 램지 이론 구축에 공헌했으며 아울러 수학의 새로운 분야인 극한이론의 수립에도 도움을 주었다. 한편 위너는 인공지능 분야의 아버지로 불리며 튜링은 기계적인 측면에서, 노이만은 구조적인 측면에서 현대적인 컴퓨터의 기반을 닦았다. 호퍼 또한 데이터 처리를 위한 최초의 컴파일러 프로그램을 개발하고 COBOL 언어 개발에 큰 영향을 끼쳤다.

20세기 전반에 수학은 과학기술 발전을 이끄는 국제적인 기준이 되었고, 이 책에 소개된 10명의 수학자들은 이와 같은 지식의 발전에 공헌한 가장 중요하고 기념비적인 발견을 이루어낸 수천 명의 학자들을 대표하는 사람들이다. 이들의 업적에 관한 이야기들을 통해 우리는 수학을 발견한 개척자들의 삶과 그 생각의 일부분을 엿볼 수 있다.

차례

|Chapter 3|

폴란드 수학 학교의 지도자 – 바츠와프 시에르핀스키

|Chapter 4|

대수학을 뒤흔든 여인 – 에미 뇌터

|Chapter 5|

독학으로 우뚝 선 인도의 오일러 – 스리니바사 이옌가르 라마누잔

|Chapter 6|

인공두뇌학의 아버지 – 노버트 위너

|Chapter 7|

과학기술에 수학적 기초를 제공한 – 존 폰 노이만

|Chapter 8|

최초로 컴파일러 프로그램을 개발한 – 그레이스 머레이 호퍼

모든 수학 문제는 해결 가능하다고 믿은

다비드 힐베르트

David Hilbert
(1862~1943)

"무한 이외에 다른 어떤 물음도 그토록 인간 정신에
깊은 감동을 준 것은 없었다.
수학은 인간의 정신에 의해 세워진 구조물이고,
그 구조물의 대상은 오로지 우리의 육체 안에서만 존재한다."

– 힐베르트

20세기의 간판 수학자

다비드 힐베르트는 20세기를 대표하는 수학자로서 정수론을 비롯한 수학의 주요 6대 분야를 다양하게 연구했다. 그리고 그 연구 결과를 통해 20세기 수학 연구가 나아갈 방향을 제시했다. 많은 업적이 있지만 먼저 '유한기저정리'라는 이론을 만들어 지루한 계산 문제투성이였던 '불변식론'을 명쾌한 대수 문제로 바꾸어 놓았다. 다음으로 그가 관심을 가지고 펴낸 정수론에 관한 논문은 대수적 정수론을 연구하는 차세대 학자들에게 기초 이론이 되어 주었고, 그가 만든 '기하학의 21개 공리'는 기하학의 고전적 영역을 새로운 방식으로 연구했다는 평가를 받고 있다. 또한 무한차원인 힐베르트 공간은 분석 물리학과 수리 물리학에서 중요한 역할을 담당했으며, 모든 수학의 정밀한 기초를 수립하기 위해 만들어진 '힐베르트 프로그램'은 수학적 논리 개발의 핵심이 되었다. 그런가 하면 1900년에 있었던 수학자 회의를 통해 제시한 23개의 힐베르트 문제들은 전 세계 수학계를 자극하여 20세기 전반에 걸쳐 풍부한 수학 연구가 이루어지도록 했다.

수학 영재들, 3총사로 만나다

다비드 힐베르트는 1862년 1월 23일, 발트 해 연안 동프러시아의 작은 마을인 엘라우에서 태어났다. 그 지역 지방 판사였던 오토 힐베르트와 상인의 딸이었던 마리아 에트만의 두 자녀 중 맏이였는데, 몇 년 후 아버지가 도시로 발령이 나자 근무지 근처인 수도 쾨니히스베르그(현재 러시아의 칼리닌그라드)로 이사하게 되었다. 그 덕분에 힐베르트는 1870년부터 1879년까지 쾨니히스베르그의 사립학교인 프리드리히스 콜레그에서 독일어, 그리스어, 라틴어, 역사, 문법 및 수학을 공부할 수

있었다. 그는 특히 수학에 뛰어난 재능을 보였을 뿐 아니라 오히려 선생님들에게 문제를 설명해 주기도 했다. 그렇게 빌헬름 김나지움의 고교 과정을 마친 힐베르트는 마침내 쾨니히스베르그 대학에 입학하게 되었다.

대학에서 자신이 좋아하는 수학 공부에 푹 빠진 힐베르트는 이듬해 봄 학기에 하이델베르크 대학에서 공부했다. 그러던 중 바로 이곳에서 쾨니히스베르그 출신의 헤르만 민코프스키를 만나게 되었다. 당시 18살이었던 민코프스키는 1883년 프랑스 과학아카데미가 주최한 국제수학 경시대회에서 '5개의 완전제곱수의 합인 양수'라는 논문을 써서 대상을 수상한 바 있는 천재 수학도였다. 수학으로 마음이 통한 두 사람은 또 한 사람의 동료 아돌프 후르비츠와 함께 매일 저녁 다섯 시에 만나 산책을 하면서 수학의 여러 가지 주제에 대해 열띤 토론을 벌이곤 했다. 이들 3총사는 평생 동안 친구로 지내면서 함께 연구도 하고 서로의 연구에 많은 도움을 주기도 했다.

완전제곱수 1, 4, 9, 16처럼 정수를 제곱하여 만들어진 수

힐베르트의 첫사랑, 불변식론

1884년 대학을 졸업한 힐베르트는 불변식론을 주제로 하여 9년이나 되는 기나긴 연구의 닻을 올리게 된다. 먼저 린데만 교수의 지도 아래 '특수 이진법 형태의 불변량 특질에 관한 연구－구형함수를 중심으로'의 논문을 써서 박사학위를 받았다. 그리고 한 학기 동안 라이프치

히 대학에 머물면서 독일의 유명 수학자인 펠릭스 클라인과 공동 연구를 하였고, 그 후 파리에서도 프랑스의 대표 수학자들인 찰스 허밋, 앙리 푸앵카레와 더불어 연구의 기회를 가졌다. 이 무렵 힐베르트는 교수가 되기 위해 불변식론에 대한 논문을 발표하고, 주기함수를 주제로 강연을 했다. 이런 노력을 기울인 결과 1886년 가을에 드디어 쾨니히스베르그 대학의 조교수로 임용되어 강의를 시작하게 되었다. 하지만 대학에서 월급을 받지 못하고, 강의료를 학생들에게 직접 받아야만 했다.

힐베르트가 연구한 불변식론 분야에는 유명한 난제가 있었는데, 그것은 1860년경 불변식론의 대표 학자였던 폴 고르단이 제기한 이른바 '고르단의 문제'였다. 하지만 20년이 지난 후 힐베르트가 이 속성을 증명하는 방법으로 풀게 되었고, 그때부터 이 문제는 '힐베르트의 기본 정리'로 불렸다.

하지만 수학 논총집에 발표한 '대수적 형태의 정리에 관하여'(1890)는 불변식을 구성하는 유한기저가 존재한다는 것만 증명하고, 그것이 어떻게 구성되는가에 대해서는 보여주지 않았기 때문에 논쟁거리의 대상이 되었다. 이 논총을 감수한 고르단조차 힐베르트의 증명은 수학이라기보다 신학적인 것이라고 비판을 가했지만 논총의 편집자인 클라인은 모든 반대를 무릅쓰고 논문을 싣게 했다. 그리고 2년이 흐른 뒤 힐베르트가 무한수열의 유한기저를 구성하는 방법에 관한 증명을 발표했을 때, 클라인은 매우 기뻐하며 그때 실었던 논문이 자신의 잡지에 실렸던 수학 연구 중 가장 값진 것이었다고 평가했다.

힐베르트의 기본 정리가 발표될 때 '영집합론'이라고 알려진 또 다른 연구 결과도 세상에 알려지게 되었는데 이는 다항방정식의 근을 연구하는 수학분야인 대수기하학의 디딤돌이 되었다.

고르단의 문제에 대한 힐베르트의 논문은 그때까지 그 문제를 다루는 방법이 지루한 계산뿐이라고 생각했던 연구자들에게 보다 합리적인 방법으로 대수적 증명을 제시했다는 점에서 큰 의미가 있다. 힐베르트는 이런 접근법을 통해 불변식론에서의 가장 중요한 문제를 해결함과 동시에 이 분야에서 가장 주목받는 연구자가 되었다. 또한 1893년에는 시카고에서 열린 국제 수학대회에서 불변식론의 역사와 현황을 소개하는 논문을 발표했다.

불변식 사상이나 연산을 통해 변화하지 않는 것

고르단의 문제 임의의 불변식은 유한 개의 불변식들을 가지고 이것들의 유리함수나 정함수로 표시할 수 있는 유한기저가 존재하는가 하는 문제

이렇듯 불변식론의 중요한 문제들을 해결한 힐베르트는 그 후 5년 동안 수학의 또 다른 분야인 '정수론'으로 관심을 돌리게 된다.

새로운 사랑, 정수론

불 변식론에 대한 연구가 국제적으로 인정을 받으면서 힐베르트의 신상에는 즐거운 변화가 생겼다. 1892년에 쾨니히스베르그대학의 부교수가 되자마자 이듬해 정교수로 고속 승진하였고, 1892년 10월에는 쾨니히스베르그 상인의 딸인 케이트 제로슈와 결혼했다.

그는 연구의 관심을 정수론으로 돌린 후 이미 알려진 몇 개의 정리들에 대해 좀 더 나은 방법으로 증명할 수는 없을까 고민했다. 그리고는 기존의 수학자들이 했던 것보다 더 간단하고 멋진 방식으로 풀어냄으

로써 이 분야의 탁월한 연구자임을 널리 알려지게 되었다.

예를 들어 1873년에 찰스 허밋은 e가 초월수임을 증명했고, 1882년에는 린더만이 허밋과 비슷한 방법으로 π가 초월수라는 것을 증명했는데, 이들의 증명을 읽은 힐베르트는 1893년 초에 훨씬 더 간단하고 직접적인 증명을 내놓았다. 또한 그해 말에는 정수론의 개념 중 '소이데알의 분해'에 대한 자신의 새로운 증명을 2개나 발표했다.

더 나아가 정수론의 연구 방향을 결정짓게 되는 굵직한 사건도 있었다. 힐베르트와 민코프스키가 1893년에 열린 독일 수학자협회의 연례회의에서 정수론의 역사와 현황에 대한 보고서를 제출해 달라는 요청을 받은 것이다. 하지만 민코프스키는 자신이 맡은 분야를 완성하지 못했고, 결국 1897년에 힐베르트 혼자서 '대수적 정수론의 정리에 대한 보고서'를 제출하게 된다. 거의 400쪽에 이르는 이 엄청난 보고서는 독일 수학자협회가 애초에 의도했던 내용보다 훨씬 더 포괄적인 내용을 담고 있었다. 그 보고서는 이 분야의 이전 연구 결과들의 내용은 물론이고 그중 가장 핵심적인 요소들을 지적하고 그것을 토대로 새로운 증명들을 제시했으며, '유체론', '순환체' 등과 같은 신개념까지 소개했다. 'Number Report'라 불리게 된 이 보고서는 향후 반세기에 걸쳐 정수론이라는 학문의 연구 방향을 결정짓는 큰 역할을 하게 된다.

그 외에도 그는 정수론의 다양한 주제들에 관해 여러 편의 논문들을 발표하였고, 특히 독일 수학자협회 연례보고서에 발표한 논문 '상대적인 가환체의 이론에 관하여'(1898)에서는 유체론의 개괄적인 내용과 더불어 이론의 발전에 필요한 개념과 방법론을 개발하였으며, 다른 수학

초월수 유리수를 계수로 하는 대수방정식의 근으로써 구할 수 없는 수

웨어링의 정리 1707년 영국의 수학자 웨어링은 모든 양의 정수는 4개의 제곱, 9개의 세제곱, 19개의 4번째 멱 등의 합으로 나타낼 수 있을 것이라고 추측했는데 힐베르트가 1909년에 모든 양의 정수 n에 있어서 이에 대응되는 모든 양의 정수가 n번째 멱의 승수인 정수 k의 합으로 표시되는 그런 양의 정수 k가 존재한다는 것을 성공적으로 증명했다.

자들이 연구할 수 있는 수많은 문제들을 제시했다.

그는 이 논문을 출판하면서 수학의 또 다른 분야로 관심을 돌리게 되는데, 다시 정수론에 관심을 가지게 된 것은 11년이나 지난 후 '웨어링의 정리'를 증명하면서부터였다.

기하학에 빠지다

1895년, 힐베르트는 쾨니히스베르그 대학을 떠나서 괴팅겐 대학의 교수가 되었고, 이곳에서 퇴직할 때까지 35년간 일하게 된다. 그보다 10년 먼저 괴팅겐 대학에 정착한 클라인은 그 당시 이미 괴팅겐 대학 수학과의 명성을 드높이고 있는 중이었는다. 클라인은 유능한 연구자들을 교수로 채용하고 주례 세미나 제도를 도입하는 한편, 수학 도서관을 설립했다. 수학 잡지인 〈Mathematische Annalen〉의 편집장으로서 광범위한 수학적 주제에 관한 논문을 싣던 그는 힐베르트를 이 잡지의 편집자로 위촉하기도 했다. 이렇게 클라인과 힐베르트라는 두 수학자의 노력으로 괴팅겐 대학은 수학 연구의 국제적인 중심지가 되었고, 1913년에 클라인이 퇴직한 후에는 힐베르트와 그의 제자 쿼란트가 괴팅겐 수학 연구소를 설립하기에 이른다. 그 후 이 연구소는 여러 다른 나라에서 연구소의 모델로 삼게 된다.

불변식론과 대수적 수론의 이론 체계를 재정립한 힐베르트의 지칠

줄 모르는 수학에 대한 열정과 관심이 이번에는 기하학으로 돌려 지게 된다. 그리고 그는 이 분야에서도 역시 이론 체계를 재구성하는 작업을 시도하게 된다. 그는 괴팅겐 대학에서 3년째 되던 해에 《기하학의 원칙》(1899)이라는 책을 출판하고, 이 책의 내용을 주제로 한 기하학 강연을 했다. 그리고 이 책을 통해 모순이 없고, 완전하며 상호 독립적인 21개 공리의 기본적인 집합으로부터 유클리드 기하학의 이론들을 완전히 재구성했다. 여기에서 '모순이 없다'고 하는 것은 어떤 공리들도 서로 모순되지 않는다는 것을 말하고, '완전하다'라는 것은 기하학의 모든 정리가 21개 기본 공리의 논리를 따른다는 것을 뜻하며, '상호 독립적이다'라는 것은 어떤 공리도 다른 공리의 논리에 의해 종속적으로 구성되는 것은 아님을 의미한다. 그리하여 힐베르트는 기하학의 모든 개념들로부터 얻어지는 결과들은 다른 개념들의 영향을 받지 않고 각각의 개념 자체에 의해 탄생된다고 주장했다. 이것에 의하면 수학 용어인 '점, 선, 면'을 '테이블, 의자, 컵' 등으로 바꾸어 놓는다고 해도 그것들 사이에서 비롯된 공리는 여전히 변하지 않고 유효한 것이 된다.

이러한 생각을 담은 힐베르트의 책은 그리스의 수학자 유클리드가 BC 3세기에 쓴 기하학과 정수론의 고전인 《원론》이래에 기하학에 가장 큰 영향을 주었을 뿐 아니라 수학의 모든 분야에 걸쳐 새로운 수학적 사고를 던져 주었고, 공리주의 접근법에 대해 관심을 갖게 했다. 그의 지대한 영향력을 높이 산 푸앵카레는 힐베르트의 저서를 가리켜 '기하학의 발견 이후 유클리드 기하학이 잃어버린 위상을 재구축한 고전적인 저서'라고 했을 정도이다. 힐베르트의 이 논문은 각국의 언어로 번역되었고, 지금까지도 끊임없이 개정판이 나오고 있다.

힐베르트의 23개 문제

힐베르트는 1900년 파리에서 개최된 제2차 국제 수학자대회에서 '힐베르트의 문제'라 불리는 강연을 했는데, 여기에서 20세기 수학의 발전에 핵심적인 역할을 하게 될 것으로 전망한 23개의 문제들을 발표하게 된다. 그의 강연 전문은 수많은 수학 잡지에 실리면서 전 세계에 널리 알려지게 되었다. 수학의 모든 분야를 넘나드는 힐베르트의 문제들 중 6개는 수학의 공리적 기초에서 비롯되었고, 6개는 대수적 정수론에서, 6개는 대수와 기하, 나머지 5개는 해석학에서 뽑은 문제들이었다. 이들 문제들 중 단편적인 내용을 담고 있는 것은 거의 없으며 대부분 수학 관련 연구의 전반적인 내용을 포괄하고 있다. 힐베르트의 발표 이후 20세기 전반에 걸쳐 전 세계 수학계는 힐베르트의 문제를 해결하는 수학자에게 큰 관심을 보였는데 심지어 독일 수학자인 헤르만 베일은 이 문제를 해결한 수학자들을 두고 '명예로운 집단'이라 부를 정도였다.

6개의 공리적인 문제들 중 첫 번째는 연속체 가정을 증명하는 것인데, 힐베르트는 이 문제를 통해 '수학'이라는 학문에 대해 사람들로 하여금 완전히 새롭게 생각해 보는 기회를 가지게 했다. 연속체 가정은 러시아 수학자인 칸토르가 1879년에 제안한 것으로, 수의 집합의 원소들의 개수를 '농도'라고 부르고 여러 집합들의 농도를 비교하고자 한 것이다. 예를 들어 자연수의 집합을 생각해 보면 분명 그 집합은 농도가 무한히 크지만 그 속에는 자연수 외의 다른 수도 있다. 그런데 실수 집합에는 유리수, 정수, 소수와 같은 또 다른 무한 부분집합이 있다. 그리고 그 집합들은 자연수 집합처럼 농도가 무한하다. 하지만 무한에도 종류가 있다고 보면, 자연수처럼 하나하나 셀 수는 있지만 무한한 경우(가부번적 무한)도 있고, 실수처럼 그야말로 셀 수 없이 무한한 경우(비가부번적 무한)가 있다는 것이다. 그렇다면 여기서 의문이 발생하게 된다. '가부번적인 무한과 연속적인 무한 외에 다른 농도가 있는가?'하는 것이다. 이 문제의 해결을 위하여 어네스트 저멜로와 버트런드 러셀, 쿠르트 괴델과 같은 수학자들의 연구가 많은 연구 성과를 보였지만, 1963년 미국의 수학자 폴 코헨에 이르러서 결국 이 가정은 집합론의 다른 공리들을 이용해서는 증명할 수 없다는 사실을 확인하게 된다.

문제 해결의 방향이 힐베르트가 예상한 것과는 상당히 다른 쪽으로 나타났지만 수학자들이 수학의 기본적인 가정과 함께 보다 광범위한 주제들을 연구하길 바라는 힐베르트의 목적만큼은 완벽하게 달성되었다. 또한 23개의 문제들 중 대수적 수론에 관한 일곱 번째 문제는 문제가 해결된 뒤 생각지도 않았던 또 다른 문제가 대두됨으로써 힐베르트가 의도한 목적이 달성되었다고 할 수 있다. 처음의 문제는 정수를 계수로 가지는 방정식의 근이 a, b이고, 그중 b가 무리수인 경우 a^b이 초월수임을 증명하는 것이다. $2^{\sqrt{2}}$와 같은 형태의 수들을 '힐베르트의 수'로 부르는데, 이것에 관한 증명은 1934년 러시아의 수학자 알렉산드르 겔폰드에 의해 이루어져 이를 '겔폰드의 정리'라고 부른다.

하지만 수학자들은 이 문제에 만족하지 않고 a와 b가 모두 초월수일 때, a^b이 초월수일까를 궁금해 하게 된다. 이 문제는 처음의 문제가 해결된 이후 70년간 미해결 상태로 남아 많은 수학자들의 도전을 받고 있다.

이렇듯 힐베르트가 제시한 23개의 문제들은 단순히 어려운 수학 문제들을 모아 놓은 것이 아니다. 그는 신중하게 준비한 강연에서 왜 이 문제들이 중요한 수학적 과제들이 될 수밖에 없는 지에 대해 설명하면서 각 문제들에 대한 해답은 문제들이 관련된 특정 주제들을 설명하는데 훌륭한 정리들을 제공할 것이라고 주장했다. 또한 이렇게 좋은 문제들이 많이 존재하는 것은 수학이 그만큼 학문적으로 건강하다는 증거임을 강조하는 것도 잊지 않았다. 그의 이러한 주장에 대해 전 세계의 수학자들은 동의의 뜻을 보내면서 오늘날에도 힐베르트의 문제들에 대해 열정적인 도전을 계속하고 있다.

힐베르트 공간의 놀라운 파워

힐베르트는 문제만 던져 놓고 방관하지는 않았다. 그 역시 자신이 제기한 23개의 문제들을 풀기 위해 동료들과 함께 최선의 노력을 다했다. 특히 1902년부터 1912년까지는 20번째, 21번째, 23번째 문제에 관해 연구하고 그것의 해법에 도움이 될 만한 결과들에 대해 비망록을 작성하기도 했다.

그렇지만 무엇보다 해석학에 대한 힐베르트의 가장 중요한 공헌은 오늘날 '힐베르트 공간'이라고 불리는 무한차원 벡터공간에 대한 연구라고 할 수 있다. 그는 1904년에 시작한 이 주제에 대한 6년간의 연구 결과를 《선형적분방정식의 대수적 정리》(1912)로 요약하여 출간했다. 15년 전에 발표한 정수론에 관한 논문이 그랬던 것처럼 이 책 역시 차세대 수학자들의 연구에 새로운 지평을 열어 주었다.

이와 같은 해석학에 대한 연구, 그가 제시한 23개의 문제들 그리고 불변식론, 정수론 및 기하학의 분야에서 그가 이룬 업적들은 힐베르트가 세계에서 가장 유명한 수학자임을 확고하게 해 주었다.

1910년 헝가리 학술원은 수학 분야에 있어서 힐베르트가 남긴 지대한 영향의 보답으로 볼리야이상을 수여했다. 그리고 이 상을 수여하게 된 이유로 힐베르트의 사고의 깊이, 방법의 독창성 및 논리적 증명의 정밀함을 꼽았다.

볼리야이상 헝가리 기하학자 야노스 볼리야이의 이름을 딴 상

힐베르트 공간이 물리적 현상의 분석에 매우 유용하다는 것이 드러나면서 힐베르트의 다음 연구들은 수리 물리학 영역으로 옮겨가게 되었다. 그리하여 수학을 넘어 양자역학과 동역학, 방사능이론에 공헌하게 되었다.

당시 괴팅겐 대학의 수학과와 물리학과는 각각 독립적으로 일반상대성이론의 정립을 위한 연구를 진행하고 있었는데, 힐베르트는 괴팅겐 대학의 같은 캠퍼스 안에 있던 물리학과의 알버트 아인슈타인과 매일같이 엽서를 주고받으며 의견을 교환하곤 했다. 그리고 쿠르낭은 정교한 수학적 바탕을 기본으로 다양한 물리이론을 펼친 자신의 저서《수리

물리학 방법론》(1924)의 공저자로 힐베르트를 지명했다. 그는 힐베르트의 강연과 연구논문이 이 책과 같은 제목의 개정판(1937)에 큰 영향을 끼쳤다고 생각했다.

방이 없는 호텔에 빈 방을 만들어라

1920년대 힐베르트 최대의 관심은 수학의 기초였다. 그는 수학의 모든 분야가 논리적으로 나올 수 있는 일련의 정리들을 개발하는 연구를 시작했다. 이 프로젝트는 '힐베르트 프로그램'으로써 그 기본적인 가정은 '모든 수학적 명제는 증명되거나 증명될 수 없다'는 것에서 출발한다. 그는 '불변량에 관하여'(1926), '아무도 칸토르가 우리를 위하여 창조한 낙원에서 우리를 쫓아낼 수 없다'(1926)라는 두 개의 논문을 통해 수학이 모순이 없는 학문 분야라는 점을 증명하려는 자신의 연구가 무한량에 대한 칸토르의 방식과 많이 비슷하다는 것을 보여 주었다. 뿐만 아니라 빌헬름 에커만과 함께 쓴 《수학 논리의 정리》(1928)에서도 이런 관련성을 설명했다.

그러나 1931년 괴델이 불확정성 정리를 발표하여 힐베르트 프로그램이 의도한 이런 목적이 달성될 수 없음을 확인시켜 주었다.

힐베르트는 수학자로서 불변성에 대한 칸토르의 생각에 강한 흥미를 보였다. 그는 '선형공간에서 평면공간으로의 연속사상'(1891)에 관한 논문에서 1차원의 선이 2차원의 평면과 같은 개수의 점을 가질 수 있음을 증명했다. 바로 사각형 내의 모든 점을 통과하는 선을 만드는 방법을 제시했던 것이다.

방법은 이러하다. 우선 3개의 선분으로 이루어진 뒤집힌 U자형 곡선을 생각한다. 다음은 그 곡선을 작은 U자 4개가 3개의 선분으로 연결된 모양이 되도록 변형한다. 이제 4개의 U자형 곡선 각각에 똑같은 일을 반복한다. 이런 식으로 유한한 곡선 속에 무한한 이미지가 들어 있는 것을 '프랙탈'이라고 하는데, 이것은 2차원인 사각형 속의 모든 점을 1차원인 선이 모두 지나갈 수 있음을 보여 준다.

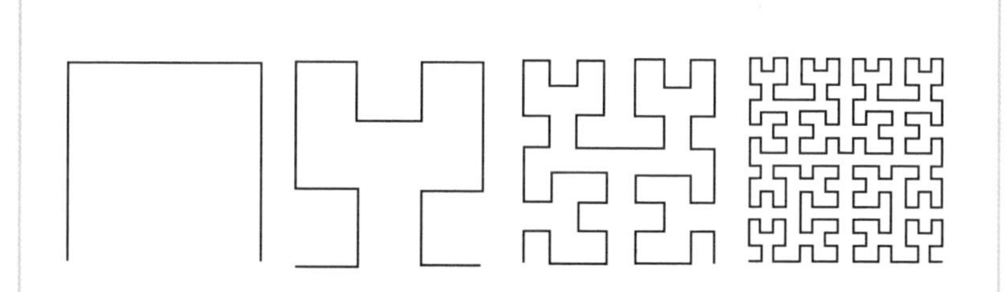

모든 공간을 채우게 되는 힐베르트의 곡선은 사각형 내부의 모든 점을 지나게 된다. 이런 곡선을 만들기 위해서는 3개의 선분으로 이루어진 U자형 곡선에서 시작하여 이보다 좀 더 짧은 3개의 선부으로 이루어진 작은 네 개의 U자형 곡선이 되도록 처음의 곡선을 바꾸게 된다. 같은 작업을 반복하면 각 단계마다 이전의 U자형 곡선보다 4배가 많은 U자형 곡선을 얻게 된다. 힐베르트 곡선은 이런 작업의 무한반복에 대한 극한이라고 할 수 있다.

힐베르트는 다른 수학자들과 함께 무한에 대한 토론을 하면서 방 번호가 1, 2, 3…인 자연수로 된 무한 개의 객실을 가진 호텔에 관한 몇 개의 역설을 제시했다.

그는 호텔의 모든 방이 차 있는 경우에도 각 방에 투숙한 손님들을 그 다음 방으로 옮기는 방법을 통해 한 사람의 손님을 더 받을 수 있다고 설명했다. 즉, 방 번호 n의 손님을 방 번호 $n+1$로 옮기는 방법으로 호텔의 모든 투숙객을 다른 방으로 옮기고 첫 번째 방을 새 손님에게 주면 된다는 것이다. 만약 k명의 새 손님이 오게 되면 호텔 지배인은 모든 손님을 방 번호 $n+k$로 옮기면 된다. 이 문제를 더 확장해서 무한 명의 새로운 손님을 태운 기차가 도착했을 때, 호텔 지배인은 이미 투숙한 손님들을 방 번호 n에서 방 번호 $2n$으로 옮김으로써 새로 도착한 손님들을 위해 홀수 번호의 방들을 줄 수 있게 된다고 설명했다.

만약 무한 수의 손님을 태운 무한 수의 새 기차가 도착했을 때는 어떻게 하면 될까? 호텔 지배인은 방 번호 n의 투숙객을 방 번호 $2n$으로 옮기게 한 뒤 방 번호 $3, 3^2, 3^3 \cdots$을 비워 첫 번째 기차의 새 손님들에게, 방 번호 $5, 5^2, 5^3 \cdots$은 두 번째 기차의 손님들에게, 방 번호 $7, 7^2, 7^3 \cdots$은 세 번째 기차의 손님들에게 제공함으로써 각 기차의 손님들에게 방을 제공할 수 있게 된다.

이를 가리켜 '힐베르트의 호텔'이라고 하는데 이는 칸토르가 제시한 집합론에서 무한량을 계산하는 매우 명쾌한 사례로 손꼽히고 있다.

괴델의 불확정성 정리 당시 논리학자들은 수학적 명제의 참과 거짓을 판별할 수 있는 절대적인 지침이 있고, 모든 명제들은 증명이 가능하다고 생각했다. 하지만, 괴델은 참이지만 증명이 불가능한 식을 제시하여 그렇지 않은 예를 보여 주어 수학계에 큰 충격을 던져 주었다.

괴짜 교수 힐베르트

1930년 68세로 정년을 맞이한 힐베르트는 교수와 학생들이 가득 모인 대강당에서 불변식론에 대한 고별강연을 했다. 이날의 강연은 힐베르트가 교수가 되어 처음 개설한 복소수함수론 강의에 단 한 명의 학생만 등록했던 것과는 사뭇 대조적이었다.

그는 교수 생활 전반에 걸쳐 69명의 학생들의 박사논문을 지도, 심사했는데 그의 제자이며 힐베르트의 뒤를 이어 괴팅겐 수학 연구소장이 된 웨일은 이를 두고 '수많은 젊은 학자들을 수학이라는 거대한 강물로 인도한 사람'이라고 칭송했다.

특히 그는 교수들이나 학생들 모두에게 인기가 많았는데, 전통에서

비롯된 형식적 관계를 벗어나 이들 두 집단 모두와 자유로운 분위기 속에서 연구했다. 그의 이런 성격 덕분에 회의나 강연이 있을 때는 젊은 학자들과 한자리에 앉았고 파티에서는 젊은 학자들의 부인들과 춤을 추기도 했다. 그는 강연장에 스키나 자전거를 타고 등장하기도 했고, 자기 집에 온 손님들에게 분필을 주고 5m가량의 칠판 앞에 서게 한 후, 빽빽하게 적어 놓은 문제들을 풀게 하기도 했다.

신념이 확고하고 거리낌 없는 성격을 가진 그는 연구 활동을 하면서도 자신이 옳다고 생각한 일에 대해서는 추진력 있게 밀고 나갔으며, 그런 자신의 생각을 널리 알리고자 했다. 그는 1914년 독일과 독일 황제를 제1차 세계대전의 전쟁 책임으로부터 면제하고자 준비된 '문명세계선언'에 서명을 거부했고, 1917년 독일과 프랑스의 군인들이 전쟁터에서 싸우고 있는 동안 〈수학 연감〉에 프랑스의 수학자 '가스통 다부'를 찬양하는 기사를 싣기도 했다. 또한 여성 수학자인 에미 뇌더가 괴팅겐 대학의 교수로 임용되는 것을 지지하면서 교수 회의에서 "뇌더가 여자라는 사실은 대학에서는 전혀 문제가 되지 않는다. 성별이 문제가 되는 곳은 목욕탕에서일 뿐이다!"라고 선언했다.

1930년대 초반 독일의 모든 대학에서 유태인 교수들을 추방한다는 히틀러의 결정은 당시까지 수학 연구의 국제적 중심지였던 괴팅겐 수학 연구소에 결정적인 타격을 주었다. 나치의 교육부 장관이 힐베르트에게 괴팅겐 수학과의 현황에 대해 물었을 때 힐베르트는 "괴팅겐에는 더 이상 수학과가 존재하지 않소!"라고까지 말했다.

1930년대에 힐베르트와 그의 동료들은 수학 연구에 관한 몇 권의 책을 출간했다. 스테판 콘 퍼슨과 함께 곡선과 곡면의 기하에 대한 연구서인《기하학과 상상》(1932)을 출간하였고, 폴 베르나이와 함께 수학의 공리화에 대한 두 권의 논문인 '수학의 기초론'(1934, 1939)을 출간했다. 또, 쿠르낭이 수리 물리학에 관한 2권의 논문을 발표했을 때 콘 퍼슨과 베르나이는 1920년 초반의 힐베르트의 강의를 토대로 이 논문들의 초안을 작성했고, 그들 자신이 거의 모든 저술을 했음에도 불구하고 힐베르트의 이름을 공저에 포함했다. 그리고 이 책들은 여러 나라의 언어로 번역되어 전 세계에 퍼졌다. 뿐만 아니라 힐베르트는 1932년부터 1935년까지 정수론, 대수학 및 해석학에 대한 자신의 노트를 모아 3권의 '연구 모음집'을 펴냈다.

그는 말년에 괴팅겐 거리에서 넘어져 팔이 부러지는 바람에 대외 활동은 거의 하지 못했다. 1943년 2월 14일, 전쟁의 소용돌이로 인해 힐베르트의 집에서 그의 장례식이 치러졌는데 조문객이 12명이 채 되지 않았다.

수학의 팔방미인

다비드 힐베르트는 수학의 다양한 분야에 걸친 연구와 수학에 대한 열정을 담아 제시한 23개의 문제로 인해 수학계에 큰 영향을 미쳤다. 고르단의 문제를 푸는 방법과 유한기저이론을 수립한 방식으로 인해 불변식론을 계산 문제에서 대수 문제로 전환시켰고, 그의 정수론은 차세대 학자들이 대수적 정수론을 연구하는 데 밑바탕이 되었을 뿐 아니라 그의 저서《기하학 기초론》은 이후 50년간 이 분야의 필독서로 손꼽히게 된다.

그의 업적이 해석학과 수리물리학에서도 빛나게 하는 데 그가 제시한 무한차원 힐베르트 공간이 중요한 역할을 했다. 비록 모든 수학의 공리화를 위한 힐베르트 프로그램은 목적을 달성하지 못했지만, 수학적 논리에 대한 그의 연구는 수학의 많은 분야에서 큰 영향을 미쳤다. 특히 힐베르트가 동료들에게 던진 23개의 문제들은 그가 바랐던 대로 20세기 전반에 걸쳐 광범위한 수학적 연구를 불러일으키는 계기가 되었다.

독일에서 탄생한 최초의 여성 수학박사

그레이스 치섬 영

(1868~1944)

그레이스 치섬 영은 무한도함수와 미분 불가능한 함수에 관한

많은 논문들을 남겼고,

다른 학자들과 함께 집합론 및

종이접기의 기하학에 관한 책을 저술했다.

독일 최초의 여성 박사

그레이스 치셤 영은 독일에서 대학 교육 과정을 마치고 논문을 써서 정식으로 박사학위를 받은 최초의 여성이다. 그녀는 무한도함수와 미분 불가능한 함수에 특별한 관심을 갖고 연구하여 당주아-삭스-영 정리를 완성하는 데 한 몫 했고, 이 논문으로 갬블상을 수상하기도 했다. 이 외에도 수학자였던 남편과 함께 어린이를 위한 종이접기 기하학을 썼고 집합론에 대한 중요한 책을 남겼다. 그녀는 평생 수학의 여러 가지 주제에 관하여 200여 편이 넘는 훌륭한 논문을 세상에 내놓았다.

도함수 한 점에서의 접선의 기울기를 나타내는 함수

미분 불가능한 함수 도함수가 존재하지 않는 함수

수학에 대한 열정

그레이스 영은 1868년 3월 15일 영국의 석세스 주 하슬미어에서 태

어났다. 아버지인 윌리엄 치섬은 영국의 국가 표준국에서 표준을 감독하는 관리자였고, 어머니인 안나 벨은 개인 독주회를 열 정도로 실력 있는 피아니스트였다. 부모님은 아들 휴즈를 사립 기숙학교를 거쳐 옥스퍼드 대학에 진학하게 하고, 맏딸 헬렌과 그레이스는 집에서 기초 교육을 받게 했다.

어릴 적 그레이스는 자주 머리가 아팠고 악몽을 꾸는 일도 많았다고 한다. 그래서 의사는 그레이스가 좋아하고 관심을 보이는 과목만 가르치라고 부모님에게 충고했다. 그 때문에 10살까지 오로지 음악과 수학만을 공부했고 건강이 좋아진 후에야 비로소 가정교사에게 다른 과목도 골고루 공부할 수 있게 되었다.

17살이 된 그레이스는 케임브리지 대학 입학시험에 합격하여 의학을 공부하려 했지만 부모님의 바람에 따라 런던의 가난한 사람들을 돕는 사회사업에 뛰어들게 되었다.

하지만 그녀는 수학에 대한 미련을 버리지 못해 결국 부모님를 설득하여 케임브리지 대학 거튼 칼리지에 지원하게 되었다. 이 대학은 1869년에 설립된 영국 최초의 여학생 기숙학교였는데, 21살의 그레이스가 바로 이 거튼 칼리지의 수학 장학생으로 입학하였던 것이다. 뿐만 아니라 1892년 대학 졸업 무렵에는 최종 졸업성적을 매기는 수학 우등 졸업시험에 당당히 합격했다. 그것도 학사학위를 받은 졸업생 중에 23등으로 졸업했고, 이어 옥스퍼드 대학에서 비공식적으로 치르는 마지막 수학 시험에서는 그해 옥스퍼드 학생들 중 가장 높은 점수를 받았다. 그러나 그토록 뛰어난 성적에도 불구하고 정식 졸업장을 받지 못했다. 당시의 여학생들은 케임브리지 대학에서 공식적인 졸업장에 대한 보장 없이 수업만 받을 수 있었기 때문이었다.

그레이스는 거튼 칼리지에서 이 대학 수학 교수였던 윌리엄 헨리 영을 만났고 이후 결혼까지 했다. 그녀보다 5살 많은 헨리 영은 1884년에 케임브리지 대학 수학과를 졸업했고, 1886년부터 1892년까지 케임브리지 대학의 피터 하우스 칼리지의 교수로 재직하면서 제자들의 수학 우등 졸업시험을 지도했다. 그러던 중 거튼 칼리지에서 공부하는 그레이스를 1년간 가르치게 되었고 수학 우등 졸업시험 준비까지 지도했다.

그레이스는 거튼 칼리지에서의 과정을 마친 후, 수학 공부를 계속하길 원했지만 영국의 대학들은 여학생의 대학원 진학을 허락하지 않았다.

하지만 당시 독일의 괴팅겐 대학에서는 여학생들을 위한 수학, 물리학, 천문학 과정이 막 설립되어 있었다. 그레이스는 독일로 건너갔고, 괴팅겐 대학의 펠릭스 클라인 교수의 지도하에 '구면삼각법에 대한 대수적 군론 연구'라는 박사학위 논문을 썼다. 이 연구는 구의 표면 위에 그려진 삼각형의 각들의 사인(sine)과 코사인(cosine)에 관련된 성질에 관한 내용이었다. 그레이스는 1895년 가을, 최고의 학위논문이라는 찬사와 함께 가슴 벅찬 박사학위를 받았는데, 이는 독일의 대학에서 공식적인 학과 과정과 학위 시험 및 논문을 통해 박사학위를 받은 최초의 여성이라는 의미를 갖는다.

구면삼각법 3차원 구의 2차원 표면 위에 잡은 세 점을 이어 만든 삼각형의 변과 각의 관계를 삼각함수를 이용하여 구면도형의 기하학적 성질을 연구하는 삼각법

군론 방정식의 해를 구하는 일반적인 방법을 알아내는 것은 어려운 문제였는데 갈루아는 군론이라는 접근 방식으로 이 물음에 대한 답을 구하려 했다.

인생과 수학의 동반자를 만나다

학위를 받은 그레이스는 늙으신 부모님을 돌보기 위해 영국으로 돌아왔다. 그리고 자신의 학위논문을 스승이었던 영에게 보냈는 데 그녀의 연구에 감명받은 영은 자신이 쓰고 있던 천문학 서적의 공저자로 그레이스를 초빙했다. 책을 쓰면서 더욱 친해진 두 수학자는 드디어 1896년 6월에 결혼하여 케임브리지 대학 근처에 보금자리를 마련하게 되고, 남편이 대학 강의를 나가는 동안 그레이스는 연구를 계속했다. 비록 부부가 계획했던 천문학 책을 완성하지는 못 했지만 그레이스는 왕립천문학회가 발간하는 월간 학술지에 미세스 영이라는 이름으로 '곡선 $y=(x^2+\sin^2\psi)^{\frac{3}{2}}$과 천문학 주제와의 관계'(1897)라는 논문을 발표했다.

1897년 명예박사학위를 받기 위해 케임브리지를 방문한 클라인은 영 부부에게 그들의 수학적 재능을 연구에 쏟으라고 권유했다. 이에 영 부부는 그해 말 첫 아들 프랜시스가 태어난 후 독일의 괴팅겐으로 이사하여 클라인 교수의 제의대로 활발한 수학 연구 활동을 하게 되었다. 그 후 부부는 32년간 수학과 학술, 교육 등의 다양한 주제에 걸쳐 200편이 넘는 논문과 책을 함께 썼다. 비록 연구 활동 초기에 출판된 책과 논문들은 대부분 남편의 이름으로 발표되었지만 그레이스도 연구 활동, 창조적인 아이디어의 발견, 세부적인 증명의 수립 및 출판사와의 관계에 있어서는 동등한 파트너였다.

영 부부는 이탈리아의 토리노에서 몇 년을 보내고 다시 괴팅겐으로 돌아와 1908년까지 살았다. 그 동안 5명의 아이들이 더 태어났는데, 그레이스는 아이들 모두를 집에서 가르쳤고 어린이들을 위한 수학 및 과학 관련 책을 3권이나 썼다. 영 부부는 함께 《기하학 입문》(1905)이라는 책을 썼는데, 여기서는 아이들이 각도와 대칭, 표면적 및 3차원 형태의 부피 등의 기하학 기본 개념을 쉽게 접할 수 있는 종이접기 주제를 소개했다. 이 책은 독일어, 이태리어, 히브리어로 번역되어 그 후 16년간 읽혔으며, 1969년 미국에서 재출간되었다.

한편 그레이스는 혼자 두 아들의 별명을 딴 두 권의 과학 관련 책을 썼다. 《빔보》(1905), 《빔보와 개구리》(1907)라는 책인데 세포의 재생 과정에 대한 간단한 과학적 설명을 통해 아이들이 생물학을 쉽게 접할 수 있게 했다.

영 부부는 아동들을 위한 책 외에도 《점의 집합론》(1906)이라는 고급 수학책도 함께 썼다. 이 책은 당시 러시아 수학자 칸토르에 의해 소개된 수학의 새 분야인 집합론에 대한 최초의 체계적인 해설서로써, 1차원 및 2차원에서의 점의 집합에 관한 개념을 소개하는 것이었다. 예를 들면 실수 직선 위의 구간 $[a, b]$에 있어 한 점이 그 구간의 양 끝점 중 하나가 아니라면 그 점을 구간에 대한 '내점'이라고 정의하고, x를 내점으로 가진 모든 구간이 그 점들의 집합 안의 다른 점들을 포함하고 있을 때, 그들은 x를 점들의 집합의 '극한점'이라고 정의했다.

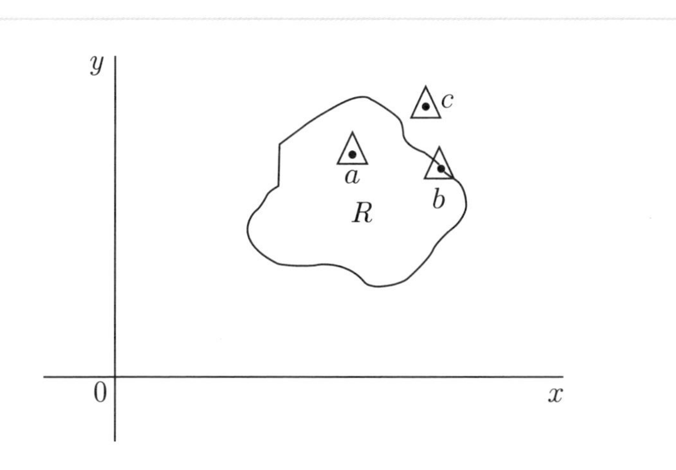

영 부부는 〈점의 집합론〉이라는 책에서 집합론의 기본적인 명제와 정의들을 많이 소개했다. $x-y$축으로 이루어진 평면의 영역 R에 있어서 점 a를 포함하는 어떤 삼각형이 영역 R내의 점들로만 이루어져 있다면 점 a는 내점이라 할 수 있다. 영역 R에 속한 점과 R에 속하지 않은 점들로 이루어진 삼각형이 점 b를 포함하고 있다면 점 b는 경계점이라고 할 수 있으며 점 c를 포함하고 있는 삼각형이 영역 R에 속하지 않은 점들로만 이루어져 있다면 점 c는 외점이라고 할 수 있다.

또한 어떤 집합이 모든 극한점을 갖고 있으면 그 집합은 '닫힌 집합'으로, 그렇지 않은 경우에는 '열린 집합'으로 정의했다.

그들은 실수 직선뿐만 아니라 평면 위의 영역에서도 내점, 경계점, 외점을 정의했는데 이런 정의의 기초는 삼각형이 모든 점을 영역 안에 포함하는지, 일부를 포함하는지 또는 전혀 포함하지 않는지를 판단하는 것에서부터 비롯되었다. 그들은 칸토르가 사용한 집합 내의 점들 사이의 '최소거리 개념' 대신 '극한점 개념'을 사용하여 연결집합에 대한 칸토르의 생각을 재정립했다. 이런 새로운 정의를 사용하여 실수 직선상의 점의 집합에 대해 이미 알려진 정리들을 재구성한 후 증명했으며, 이를 일반화시켜 평면 위의 영역에 적용할 수 있게 했다.

영 부부의 이러한 아이디어는《점의 집합론》에 수록되어 다른 수학의 분야에도 영향을 미쳤다. 이들은 집합론 분야에서 발전하고 있는 기법

들이 사영기하학, 복소함수론, 변량의 계산 및 미분방정식 등 수학의 다른 분야에도 적용될 수 있음을 보여 주었다. 특히 개념에 대한 엄밀한 정의와 재증명은 기하학적 표면의 성질을 다루는 수학의 학문인 위상기하학에 있어서 매우 중요한 개념들에 대해 엄밀한 기초를 제공했다.

칸토르는 영 부부의 성실성과 통찰력을 높이 평가하며 이들의 연구를 극찬했다. 집합론은 오랜 기간 영 부부의 핵심적인 연구 주제였기에 그들은 그에 대해 많은 연구 결과물을 발표했다. 영국 수학자협회에 의해 출간된 '구간의 집합의 감수에 관하여'(1914)는 1차원 실수 직선의 구간에 관한 연구 결과를 담고 있고, 2차원 공간의 점의 집합에 대해 서술한 '영역 또는 집합의 수직 극한에 관하여'(1916)라는 논문을 프랑스의 학술지에 발표했다. 또, 런던 수학자협회에서 '모든 차원의 공간에서의 점의 집합의 내부구조에 관하여'(1917)라는 논문을 출판하여 고차

원 공간에서의 집합에 대해 분석했다. 부부가 함께 쓰거나 또는 그레이스가 혼자서 쓴 다른 논문들 역시 집적값 집합, 소수집합이론에 중요한 공헌을 했다.

영 부부는 서로 떨어져 있는 기간이 많았지만 수학의 동반자로서 많은 성과를 이루었다. 영은 케임브리지 대학, 런던 대학 및 웨일즈 대학에서 교수 생활을 했고, 나중에는 캘커타 대학, 리버풀 대학, 웨일즈 칼리지 등에서 시간제 교수 생활도 했다. 그들은 서로 떨어져 있는 동안에는 편지를 이용해 수학 연구에 관한 논문 원고를 자주 주고 받았고, 함께 있을 때는 공동 연구에 몰입하여 남편이 다시 떠나면 그레이스는 며칠 동안 잠만 자는 경우도 종종 있었다. 남편이 없을 때는 미혼의 두 시누이 중 한 사람이 그레이스와 함께 지내러 와 주었는데이 덕분에 자신의 연구와 저술 활동을 잘할 수 있었다.

그레이스는 수학 연구 활동과 더불어 다양한 분야에 관심을 보였다. 의사가 되고 싶었던 그녀는 괴팅겐 대학에서 의학 공부를 했는데, 1908년 가족이 스위스 제네바로 이사하자 제네바 대학에서 공부를 계속하여 의사가 되기 위한 모든 과정을 마쳤다. 또한 6개 국어 공부와 자녀들에게 각종 악기의 연주법을 직접 가르치는 등 여러 분야에 관심이 많았다.

집합론 수나 함수처럼 수학적 성질을 가지거나 그렇지 않은 대상의 잘 정의된 집합에 대한 성질을 다루는 수학의 한 분야

위상기하학 물질적, 추상적인 요소들의 집합에 대한 선택된 성질들을 다루는 수학의 한 분야. 예를 들어 커피 잔과 타이어는 구멍을 하나만 가지는 모양을 하고 있으므로 위상적으로 같다고 볼 수 있다.

무한도함수에 관한 독자적 연구

그레이스는 1914년부터 2년 동안 가장 중요하고 독자적인 연구를 하게 되는데, 이 기간 동안 여러 국제적 학술지에 자신의 이름으로 미분학의 기초에 대한 몇 개의 논문을 발표했다. 예를 들어 스웨덴 학술지에 '도함수와 미분계수에 관한 연구'(1914)를 발표했는데 여기에는 도함수의 특질에 대한 중요한 연구 결과가 담겨 있었고, '무한도함수에 관하여'(1915)라는 논문은 거튼 칼리지로부터 갬블상을 수상했다. 1916년 〈순수 및 응용수학〉에 발표되기도 한 이 장편의 논문은 '연속이지만 미분 불가능한 함수'를 다루었다. 그녀는 이 주제에 대한 연구를 같은 해 다른 학술지에 발표한 '함수로부터 도출된 숫자에 관하여'라는 짧은 논문에서도 계속 다루었다.

런던 수학자협회는 '함수의 도함수에 관하여'(1916)라는 그레이스의 논문을 출간했는데, 여기서는 4개의 '디니 미분계수'라고 알려진 함수에 대한 전통적인 도함수의 네 변종에 대해 다루었다. 이 논문에서는 4개의 디니 미분계수의 움직임을 연속함수와 가측함수로 분류했다. 다시 말해 작은 수의 점의 집합의 경우를 제외하고 4개의 디니 미분계수의 움직임은 셋 중 하나의 경우를 따른다는 것을 증명하였는데, '4개의 디니 미분계수가 같은 경우', '둘은 양의 무한대이고, 나머지는 음의 무한대인 경우', '하나는 양의 무한대, 하나는 음의 무한대이고 나머지는 같은 유한값을 갖는 경우'가 그것이다. 이것에 대한 증명은 프랑스의 수학자 당주아와 폴란드 수학자 삭스의 연구 결과와 비슷하여 그 이후

'당주아－삭스－영 정리'이라고 부르게 되었다.

1915년, 가족 모두 제네바에서 로잔으로 이사했지만 그레이스의 연구와 발표는 계속되었다. 그녀는 1920년대 후반까지 미적분학에 대한 연구 결과를 계속 발표했다. 르베그 적분에 대한 논문 '칸토르 수를 사용하지 않은 르베그 정리의 증명'(1919)을 수리과학협회지에 발표하였고, 학술지인 〈수학회보〉에는 리만 적분에 관한 논문인 '리만 정리에 대한 연구'(1922)를, 런던 수학자협회지에 '다변수함수의 편미분에 관하여'(1922)라는 논문을 각각 발표하여 다변수 적분에 관한 연구를 세상에 알렸다. 또한 〈수학의 기초〉라는 잡지에는 '미분계수를 갖는 함수에 관하여'(1929)라는 논문을 발표했다.

1920년대에 발표된 글들은 미적분학 이외의 수학적 주제도 다루고 있다. 그중 2편은 고대 그리스의 철학자 플라톤의 책에도 등장하는 수학적 아이디어에서 영감을 받은 것이다. 1편은 런던 수학자협회에서 출간된 '플라톤의 부부수와 관련된 연립 디오판토스 방정식의 해법에 관하여'(1924)이고, 다른 한편은 5년 뒤 남편과 함께 쓴 '플라톤 이래의 역사적 미스터리에 관하여'이다. 그런가 하면 수학교육학 학술지에는 그리스 수학자인 피타고라스의 유명한 정리 즉 직각삼각형의 변의 길이와 관련된 내용을 설명하는 논문 '피타고라스는 그의 정리를 어떻게 증명했는가?'(1926)를 발표하기도 했다.

르베그 적분 그래프를 그릴 수 없는 함수까지 적분할 수 있도록 곡선 내부의 면적 개념을 확장한 적분의 방법

리만 적분 어떤 구간에 대한 함수의 그래프가 이루는 면적에 해당하는 값

피타고라스의 정리 직각삼각형의 가장 긴 변의 길이의 제곱은 나머지 두 변의 길이의 제곱의 합과 같다.

마지막 연구와 애잔한 죽음

그레이스가 수학 연구를 통해 국제적 명성을 얻는 동안 남편도 연구 성과를 인정받고 있었다. 1907년에 영국 왕립학술원의 회원으로 선출되었고, 교과서 〈미분학의 기초이론〉(1910)은 이후 출판된 모든 고등 미적분학에 인용되는 다변수함수에 대한 새로운 접근법을 제시한 것으로 평가받았다. 수학에 대한 공로를 인정받으면서 1917년 런던 수학자협회로부터 드모르간 메달을 수여받은 그는 1928년에는 왕립학회로부터 실베스터 메달을 받게 된다. 또한 1922년부터 1924년까지는 런던 수학자협회의 회장을 역임했고, 1929년부터 1936년까지는 국제 수학자협회의 회장이 되었다.

하지만 1920년대 말에 이르러 영 부부는 수학 연구를 중단하게 된다. 1929년에 그레이스는 5년 계획으로 '영국의 왕관'이라는 제목의 16세기 역사소설을 집필하기 시작하지만 완성하지는 못한다. 그러던 중 1940년, 제2차 세계대전이 발발하게 되고 그레이스는 두 명의 손자들과 영국으로 피난을 가는데, 당시에는 언젠가 스위스로 돌아갈 계획이었다. 하지만 불행히도 남편은 계속 스위스에 남아 있는 상태였고, 그레이스는 내내 영국에 머물러 있어 이 둘은 다시 만나지 못했다. 가족과 떨어져 고립감에 휩싸인 윌리엄 영은 삶의 활력을 잃고서 1942년에 사망했으며, 그 이후 2년간 영국에서 생활한 그레이스 역시 딸의 집에서 심장마비로 숨을 거두었다. 거튼 칼리지의 동료들은 그녀에게 명예 학위를 수여하기로 결정했지만 그녀는 학위 수여식이 열리기 직전 사망하고 말았다.

영 부부의 여섯 자녀는 모두 대학을 졸업했고, 이 중 세 명은 수학을 전공했으며, 두 명은 수학 교수가 되었다. 딸 자넷은 의대를 졸업하고, 왕립외과의사협회의 최초의 여성회원이 되었으며, 손녀인 실비아 왜건은 네브라스카 대학의 수학 교수로서 오늘날에도 집안의 전통을 이어가고 있다.

공식적인 지위 없이도 열정적으로 연구했던 수학자

정규 과정과 학위 시험, 논문을 통해 독일의 대학에서 박사학위를 받은 최초의 여성인 그레이스는 40년간의 연구 활동 기간 내내 공식적인 지위를 가진 적은 없지만, 꾸준히 연구하는 수학자로서 굳건한 명성을 쌓아올렸다. 그녀의 미분 불가능한 함수에 대한 논문은 거튼 칼리지로부터 갬블상을 수상했고, 디니 무한미분계수에 대한 발견은 당주아-삭스-영 정리의 일부분이 되었다. 그녀는 남편과 함께 아이들을 위한 종이접기를 통한 기하학의 접근을 소개하는 책을 썼으며 집합론에 관한 영향력 있는 저서를 남겼다. 뿐만 아니라 영 부부는 공동 작업을 통해 수학의 다양한 분야에 걸쳐 200편이 넘는 논문을 발표했다.

폴란드 수학 학교의 지도자

바츠와프 시에르핀스키

Wacław SierpiŃski
(1882~1969)

시에르핀스키는 집합이론에서 프랙탈 패턴을 개발했고,
정수론에서 새로운 정수의 범위를 소개했으며,
최초의 절대정규수(absolutely normal number)를 발견하고
폴란드 수학 학교의 설립을 주도했다.

정수론과 폴란드 수학 학교

시에르핀스키는 60년간의 연구 기간 동안 무려 50권의 책과 700편이 넘는 논문을 남겼는데, 특히 집합론과 위상기하학 분야에서 연속체 가설과 계량공간에서의 많은 관계를 발견했다. 또한 그가 제시한 시에르핀스키 눈송이와 시에르핀스키 삼각형은 프랙탈 패턴의 초기 사례가 되었고, 정수론 분야에서는 첫 번째와 두 번째 종류의 시에르핀스키 숫자를 제시하였으며, 소수의 특질에 대한 심도 깊은 연구를 했다. 뿐만 아니라 첫 번째의 절대적 정규수도 발견했다.

전쟁 기간 동안 포로로 두 차례나 투옥되었음에도 불구하고 폴란드 수학학교의 지도자로 헌신했고, 연구소 설립을 추진하였으며, 전문학술지와 연구자 사회를 구축하는 데 온 힘을 쏟았다.

연속체 가설 정수집합보다 크고 실수집합보다 작은 크기를 갖는 무한집합은 존재하지 않는다는 가설이다.

프랙탈 패턴 세부 구조가 전체 구조를 끊임없이 반복하는 패턴으로 우리 몸의 뇌나 자연현상의 많은 부분에서 이 패턴을 찾아볼 수 있다.

폴란드 애국주의와 정수론

시에르핀스키는 1882년 3월 14일 폴란드의 바르샤바에서 태어났다. 아버지 콘스탄틴 시에르핀스키는 유명한 의사였으며, 어머니는 루이제 라핀스카였다. 그는 고등학교 시절 수학에서 탁월한 실력을 나타내었고, 학비를 낼 수 없는 가난한 학생들을 위해 무료 강의 개설을 도와주었다.

1900년에는 과거 바르샤바 대학이라 불렸던 차르 대학의 수학과 및 물리학과의 학생으로 등록하였는데 당시 폴란드를 지배하던 러시아 정부는 강제적으로 모든 교수들을 러시아인으로 교체하고, 모든 수업을 러시아어로 하도록 했다. 대학 재학 시절의 학문적, 정치적 환경은 그의 수학적 재능을 발전시키는 데 도움이 되었을 뿐 아니라 그에게 폴란드 애국주의를 심어 주는 계기가 되었다.

시에르핀스키는 러시아의 유명한 수학자인 게오르그 보로노이 교수의 지도를 받았기 때문에 초기 연구에서는 보로노이 교수의 영향을 많이 받았다. 심지어 정수론 분야에서의 보로노이의 공헌 및 양의 정수의 특징에 관한 에세이를 써서 학과 내에서 최우수 에세이상을 받기도 했다.

그의 논문 '점근선의 방정식 정리의 문제에 관하여'는 대학 저널에 게재될 예정이었지만, 자신의 첫 연구물이 러시아어를 통해 세상에 나오는 것을 바라지 않았던 시에르핀스키는 이를 거부했다. 대신 폴란드 학술지인 〈수학과 물리학 연구〉(1906)에 게재하였는데, 이 논문의 내용은 반지름이 r인 원의 내부 또는 경계선에 존재하는 정수 좌표인 점의 수를 표시하는 $R(r)$에 관한 것이다. 1837년에 이미 독일의 수학자 가우스는 원의 넓이와 πr^2의 실제값이 반지름의 상수 배만큼의 차이가 $R(r)$의 값과 같음을 증명했다.

이 정리를 통해 '가우스의 원의 문제'라고 알려진 좀 더 일반적인 문제에 접근할 수 있다. 가우스의 원의 문제는 $|R(r)-\pi r^2|<Cr^k$라는 식을 만족하는 k의 최소값을 묻는 것이다. 시에르핀스키가 증명한 것은 $k \le \frac{2}{3}$이었는데, 이는 가우스의 결론인 $k=1$보다 좀 더 발전된 것이다. 수학자들은 이 질문에 대한 분석을 계속하였고, 그 결과 가장 최

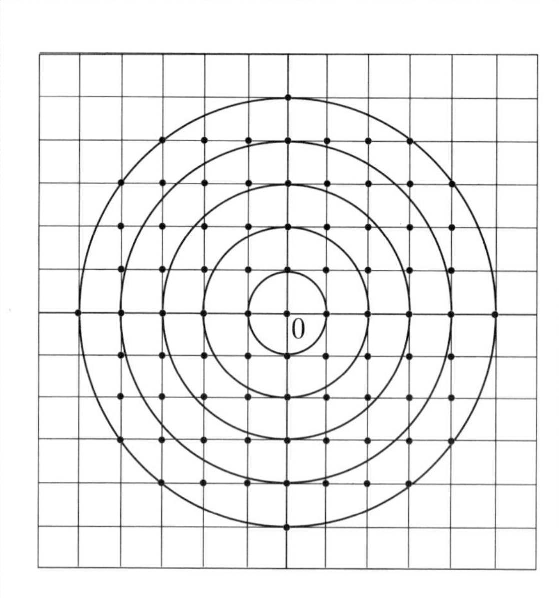

r	$R(r)$	πr^2
1	5	3.1
2	13	12.6
3	29	28.3
4	49	50.3
5	81	78.5

시에르핀스키는 상을 받은 논문에서 반지름이 r인 원의 위 또는 내부의 좌표 위에 존재하는 점의 개수인 $R(r)$에 관해 연구했다. 위 그림에서 반지름 $r=1, 2, 3, 4, 5$인 각 경우에 $R(r)$의 값은 $A=\pi r^2$의 식에 의해 계산되는 원의 넓이와 거의 같다는 것을 보여 준다.

근에 얻은 결론은 1990년 헉슬리가 얻은 $k \leq \frac{46}{73}$으로 이는 시에르핀스키의 연구보다 좀 더 발전된 내용이다.

시에르핀스키는 대학 4학년 무렵 졸업시험을 치르면서 러시아어로 쓰인 모든 질문에 답을 하지 않아 정치적인 스캔들에 휘말릴 위기에 처하게 되었다. 하지만 시험 감독관은 시에르핀스키를 동정하여 합격점을 주었고, 덕택에 시에르핀스키는 1904년 대학을 졸업하여 이학사 졸업장을 받을 수 있었다.

그는 1905년 러시아혁명이 일어날 때까지 바르샤바의 여학교에서 수학과 물리학을 가르쳤는데, 러시아 혁명이 일어났을 당시 학교 파업에 동참하여 교사 자리를 사임하고 폴란드의 쟈길로리안 대학원 수학

과에 입학했다. 그리고 이 대학원에서 1908년에 박사학위를 받았다. 그해 말에는 〈수학과 물리학 연구〉에 발표된 그의 박사논문에서 거듭제곱의 합으로써 양의 정수를 표현하는 방법의 가짓수를 포함하는 몇몇 무한합의 값을 결정했다.

그리고 1904년부터 1910년까지 정수론에 관한 18편의 논문을 발표했는데, 이중 반은 거듭제곱의 합이나 차를 통해 정수를 표시하는 해석적 정수론의 분야에 관련된 것이고, 나머지 논문들은 디오판토스 해석학에 대한 것인데, 주로 다항방정식의 정수해를 찾는 문제들이었다.

그는 바르샤바 과학자 협회지에 《디오판토스 근삿값이론의 정리에 관하여》(1909)를 발표하여 주어진 소수에 근접하는 분수의 값에 대한 연구를 발표했다. 즉, x가 실수이고, n이 양의 정수일 때 $\left|x-\frac{p}{q}\right| < \frac{1}{nq}$인 경우 $1 \leq q \leq n$인 분수 $\frac{p}{q}$는 최대 두 개가 존재한다. 예를 들어 x가 3.71이고, n이 5일 때 분수 $\frac{15}{4}=3.75$, $\frac{11}{3} \approx 3.67$로 주어진 부등식을 만족하는 분수는 단 2개만 존재한다.

그는 이런 문제처럼 그 해가 수학의 기본적인 특징을 보여 주는 문제들에 대해 평생 특별한 관심을 가졌다. 그는 연구 생활 초기 시절에 연구논문 이외에도 정수론에 관한 두 권의 책을 더 출간했다. 《무리수론》(1910)과 《정수론》(1911)인데, 이 책들은 '자습을 위한 길잡이'시리즈의 일부였다. 이 책들은 미아노프스키 재단이 정부의 제한을 피해서 진행했던 몇 가지 프로젝트 중 하나로 폴란드 학자들로 하여금 최근의 학문적 주제에 관한 고급 교과서를 쓰게 하여 폴란드 학생들에게 제공할 수 있게 했다.

시에르핀스키 눈송이

에르핀스키는 1908년부터 1914년까지 폴란드의 얀 카지미예르츠 대학에서 수학을 가르쳤는데, 1908년에 조교수로 시작하여 1910년에는 부교수가 되었다. 이 기간 동안 1870년대 러시아 수학자 게오르그 칸토르가 소개한 새로운 수학 분야인 집합론을 집중 연구했다. 칸토르와 다른 집합론자들이 제시한 생각들과는 다른 아이디어를 통해 일반 집합론의 새로운 접근법을 개발하였고, 1909년에는 다른 많은 대학에서 채택한 집합론에 대해 최초의 체계적인 강좌를 열었다. 더불어 이 강의 노트를 토대로 출판한《집합론 개요》(1912)는 유럽에서 인기 있는 교과서가 되었고, 폴란드 과학아카데미로부터 상까지 받게 된다.

처음 시에르핀스키의 관심을 끈 집합론은 칸토르가 낸 논문(1878)이었는데, 이는 단위 사각형 $S=\{(x, y) \mid 0\leq x, y\leq 1\}$ 내의 점들과 단위 구간 $I=\{z \mid 0\leq z\leq 1\}$ 내의 점들 간의 일대일대응에 관한 내용이었다. 시에르핀스키는 '평면 위의 영역을 모두 채우는 새로운 연속곡선에 관하여'(1912)에서 칸토르의 생각과는 다른 대안을 제시했다. 시에르핀스키 곡선, 시에르핀스키 눈송이로 불리는 이 점들은 단위 사각형 내의 모든 점을 통과하는 경로에 근접해 있었다. 2차원의 영역을 채워가는 원의 곡선은 무한대의 길이를 가지며 $\frac{5}{12}$의 영역에 근접한다.

시에르핀스키 곡선은 패턴의 각 부분이 전체 모양과 비슷한 기하학적 형태를 재귀적으로 구성하는 프랙탈 패턴의 한 예이다. 제1차 세계

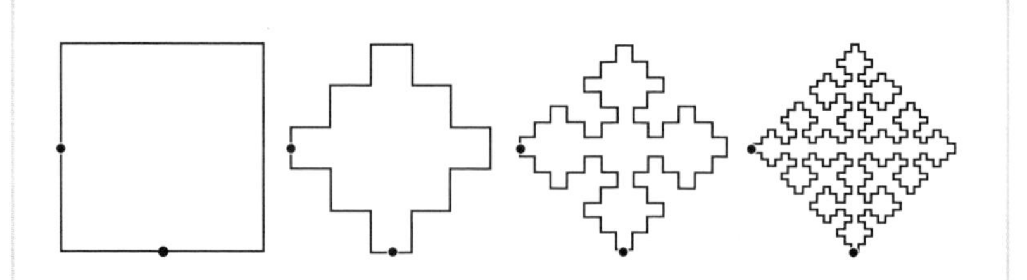

시에르핀스키 눈송이라고 불리는 시에르핀스키 곡선은 사각형 내부의 모든 점을 지나는 1차원의 곡선이다. 이 곡선을 만들기 위해서는 사각형의 각 L자형 모서리들을 연속된 5개의 더 작은 모서리 조각들로 대체해야 한다. 이 작업을 계속 반복하면 이어지는 각 단계마다 최초의 L자 형태 모양의 모서리가 5개씩 생기게 된다. 시에르핀스키 곡선은 무한하게 반복되는 작업의 유한한 형태라 할 수 있다.

대전이 일어난 1914년 러시아 군부는 시에르핀스키를 전쟁 포로로 체포하여 러시아 비아트카에 감금했다. 그 후 그는 러시아 수학자인 니콜라이 루친과 드미트리 이고로프의 탄원으로 모스크바 대학 근처의 수용소로 이감되었다. 덕분에 그는 연구를 계속 할 수 있었으며, 러시아 동료들과 함께 집합론적 기하학과 해석학적 집합론에 대한 공동 연구를 할 수 있게 되었다. 그런 가운데에도 그는 프랑스 과학아카데미 학술지에 '모든 점이 분기점인 곡선에 관하여'(1915)라는 논문을 발표하여 시에르핀스키 삼각형 또는 시에르핀스키 개스켓이라고 알려진 또 다른 프랙탈 형태를 소개했다. 이 삼각형은 정삼각형을 4개의 정삼각형으로 나누고, 한가운데 조각을 제거하는 행동을 n번 반복하면 3^n개의 삼각형이 나타나고, 각 삼각형의 변의 길이는 최초 삼각형의 변의 길이의 $\left(\frac{1}{2}\right)^n$이 된다. 이때 생기는 모든 삼각형의 전체 면적과 변의 길이는 각각 최초 삼각형의 $\left(\frac{3}{4}\right)^n$, $\left(\frac{3}{2}\right)^n$ 만큼이 된다.

시에르핀스키 삼각형은 정삼각형을 같은 크기의 네 개의 정삼각형으로 분할한 후 중앙의 정삼각형을 제거하는 작업을 계속 반복함으로써 얻을 수 있다.

그의 논문이 출간된 이후 시에르핀스키 삼각형은 프랙탈 패턴을 연구하는 많은 기하학자들에게 영감을 주었고, 그들은 시에르핀스키의 이름을 딴 비슷한 형태들을 많이 만들어내었다. 2차원적인 '시에르핀스키 카펫'은 정사각형을 9개의 정사각형으로 나누고, 가운데 조각을 제거하는 방법을 되풀이함으로써 얻게 된다.

이를 3차원으로 확대하면 '시에르핀스키 스펀지'가 나타나는데, 이는 정육면체를 27개의 같은 크기의 정육면체로 나눈 후 가운데 조각을 제거하는 작업을 되풀이하여 얻어진다.

또 정사면체를 5개의 같은 정사면체로 나누어 가운데 조각을 제거하는 방법을 반복하면 '시에르핀스키 정사면체'를 얻는데, 이는 시에르핀스키 삼각형을 3차원으로 일반화한 것이다. 20세기 초 시에르핀스키의 작업은 컴퓨터에 의한 그래픽과 계산법의 발전으로 인해 더욱 깊이를 더해 갔다.

이 외에도 시에르핀스키는 수의 집합을 연구하여 각 수의 기저에 같은 빈도로 나타나는 실수의 자릿수인 '절대적 정규수'를 최초로 발견했다. 이 발견은 1909년에 이르러 프랑스 수학자 보렐에 의해 증명된다. 시에르핀스키는 1917년 발표한 논문에서 절대적 정규수의 최초의 예를 들어 정밀하게 세워진 실수집합의 기초를 제시했다. 하지만 수학자들은 오늘날까지도 어떤 수가 절대적 정규성을 가지는지 판단하는 일반적인 방법은 발견하지 못했다.

폴란드 수학 학교

1918년 제1차 세계대전이 끝난 후 다시 자유를 찾게 된 시에르핀스키는 폴란드 수학계에서 지도적인 위치에 올랐다. 그는 얀 카지미에르츠 대학에서 교수로 잠시 재직한 후 바르샤바 대학으로 옮겨 정교수로 승진했으며, 1921년에는 학장이 되었다. 또한 자니체프스키, 마주르키비츠와 함께 나중에 폴란드 수학학교로 알려진 폴란드의 수학 연구자들의 모임을 결성하는 계획을 세웠다. 이 세 사람은 실력 있는 교수와 많은 학생들을 바르샤바 대학에 모아 이 대학이 폴란드의 수학 연구 중심지가 되는 데 큰 공헌을 했다. 1920년, 이들은 학술지 〈수학의 기초〉를 창간하여 폴란드의 수학 역량을 쏟아 붓기로 한 집합론의 논문들을 출판하기 시작했다. 1920년부터 1952년까지 편집장을 맡은 시에르핀스키의 지도 아래 최초의 수학 전문 학술지답게 여러 나라 연구자들의 논문을 출판했는데, 특히 집합론 연구에 관한 권위 있는 잡지가 되었다.

시에르핀스키는 폴란드 수학학교가 바르샤바에서 활발한 활동을 하도록 이끌었고, 그 활동이 폴란드 전역으로 확대되게 했다.

시에르핀스키는 수학계에서 주도적인 역할을 수행하였는데, 1921년에 폴란드 학술원 회원으로 선출되고, 7년 후에 바르샤바 과학협회 부회장 및 폴란드 수학협회장으로 선출되었다. 1929년에는 슬라브 국가수학자협회장으로서 바르샤바에서 개최된 국제학술회의에 폴란드와 인근 국가의 수학자들을 초청했다. 같은 해에는 두 번째 수학 연구소 설립에 참여했고, 함수해석학 전문지인 두 번째 학술지 〈수학 연구〉를 창간했다. 1932년에는 선정된 주제들에 대한 고급이론서 시리즈인 〈Mathematical monographs〉의 초대 편집장이 되기도 했다.

1939년에 일어난 제2차 세계대전은 시에르핀스키와 그의 동료들에게 또 다른 도전이 되었다. 그들은 함께 비공식적으로 바르샤바 지하대학에 참여하고, 자택 등에서 몰래 금지된 교육을 이어갔다. 비록 전쟁으로 인해 폴란드 수학 학술지의 출판은 정지되었지만, 그들은 자신의 연구 결과들을 이탈리아 학술지에 보내 출판을 계속했다. 그들은 모든 논문에 자신들이 제출한 증명과 정리들을 전쟁이 끝난 후에 〈수학의 기초〉에 다시 발표하리라는 약속의 문구도 함께 실었다.

1944년, 나치는 시에르핀스키의 집을 불태우고 개인 도서관을 파괴했으며 그를 크라코프 근처 감옥에 가두었다. 하지만 연합군이 이 도시를 해방하자 시에르핀스키는 이듬해 바르샤바 대학으로 돌아가기 전까지 자길로니안 대학에서 강의할 수 있었다. 전쟁 기간 동안 폴란드 수학자의 50% 이상이 사망했지만, 폴란드 수학학교는 1948년에 폴란드 학술원에 설립된 수학 연구소와 학술지 창간과 더불어 재건되었다.

1918년부터 30년 동안 시에르핀스키는 집합론과 위상기하학에 관한 수백편의 논문과 책을 출간했는데, 주요 업적은 다음과 같다.

먼저 자연수의 농도인 $\aleph_0$와 실수의 농도인 $\aleph_1$ 사이에는 무한대의 크기가 존재하지 않는다고 주장한 칸토르의 연속체 가설에 대한 많은 논문을 썼는데, '연속체 가설'(1934)에서 연속체 가설이 참이라면 존재하고 거짓이라면 존재하지 않는 위상공간의 성질에 관한 연구 결과를 발표했다.

한편 〈수학의 기초〉에 발표한 논문 '전체적이고 분리 가능한 계량공간에 관하여'(1945)에서는 연속체 가설이 참이라면 농도 $\aleph_1$을 가진 보편적인 계량공간이 존재한다는 것을 증명했다. 또한 농도 $\aleph_1$을 가진 모든 계량공간은 이런 전체공간의 부분집합들 중 어떤 것과 같다는 것도 증명했다.

같은 학술지에 논문 '연속체 가설 및 선택의 공리의 일반화'(1947)는 선택의 공리가 연속체 가설 및 집합론에 관한 10개의 공리로부터 얻어질 수 있음을 증명했다. 위상기하학에 대한 시에르핀스키의 논문은 주로 계량공간에 대해 다루고 있는데, 이는 두 원소간의 거리가 잘 정의된 대상들의 집합인 계량공간을 말한다.

그는 실수의 집합인 선형집합과 실수의 순서쌍의 모임인 평면집합에 대해 연구하면서 정규성, 가분성, 정칙성, 조밀성, 완전성 및 연결성 등의 특징에 관한 정리들도 증명했다. 가장 대표적인 것은 〈수학의 기초〉에 수록된 논문 '하우스도르프 정리의 2가지 결론에 관하여'(1945)는 모든 실수의 집합을 서로소인 무한집합 $\aleph_1$의 합으로 나타내는 방법을 발표한 것이다.

이렇게 그가 이룩한 업적을 기려서 위상기하학자들은 a와 b 및 ϕ, $\{a\}$, $\{a, b\}$로 이루어진 위상공간의 이름을 '시에르핀스키 공간'이라고 이름 붙였다. 가장 단순하지만 명쾌한 예인 이 위상공간은 의미론과 컴퓨터이론에서 중요한 역할을 했다.

17 혹은 폭발

시에르핀스키는 1948년부터 20년간 정수론에 관한 11권의 책과 100편 이상의 논문을 발표했다. 그의 연구 주제는 매우 광범위했으며, 새로운 기법으로 다양하고 혁신적인 생각들을 했다. 예를 들면 연구소에서 새로 창간한 수학논총집에 논문 '수 $\frac{2^n-2}{n}$에 대한 치노이의 가설에 대하여'(1948)를 발표했다. 이 논문에는 2^n-2를 나머지 없이 나누어 떨어지게 하는 소수가 아닌 양의 정수 n인 의사소수에 관한 연구 결과가 들어 있다. 1000보다 작은 의사소수는 341, 561, 645밖에 없지만, 그는 n이 의사소수일 경우 2^n-1도 의사소수가 됨으로써 무한개의 의사소수가 존재함을 증명했다. 시에르핀스키는 자신이 출판한 몇 권의 책과 논문에 정수론에서 풀리지 않은 문제를 제시하여 이 분야에 대한 연구를 촉진했다.

프랑스 학술지에 '유리수를 단위분수의 합으로 나타내는 것에 관하여'(1956)라는 논문을 통해 독자들에게 시에르핀스키가 추정한 방정식 $\frac{5}{n}=\frac{1}{x}+\frac{1}{y}+\frac{1}{z}$ 이 모든 양의 정수 n에 대하여 정수해 x, y, z를 가짐을 증명했다.

또한 미해결 문제 모음집인《기하학과 산수의 경계에서 기본적이지만 어려운 100가지 문제》(1959)및《정수론의 기초에 대한 200가지 문제》(1964)를 출간해 학생과 교수를 포함한 수학자들에게 풀어 보도록 제안했다.

1958년, 시에르핀스키는 '원과 정수 순서쌍의 관계'에 다시 관심을 기울이게 된다. 학술지 〈수학 교육〉에 발표한 논문 '정수 좌표와 점에 관한 몇 개의 문제들'에서 원주 위의 정수 좌표를 갖는 점의 숫자를 계산하는 공식을 제시했다. 스위스 학술지 〈수학의 핵심〉에 발표한 논문 '원 위에서 유리거리에 존재하는 점들의 집합에 관하여'(1959)는 원에 대한 자신의 분석을 분수인 반지름을 가지는 원에까지 확장했다.

한편 시에르핀스키는 〈수학 교육〉에 발표한 논문 'n^n+1의 형태를 가진 소수에 관하여'(1958)에서 첫 번째 종류의 시에르핀스키 수라고 알려진 새로운 소수들의 집합을 소개하면서, $n>1$이고 n^n+1이 소수인 경우 n은 2^{2k}임을 증명했다. 이 시도는 50년 후 수학자들의 관심을 n^n+1 형태의 소수로 돌리게 하였는데, 첫 번째 종류의 시에르핀스키 수 중 알려진 수는 2, 5, 257이다.

1958년 수학 연구소는 폴란드의 정수론 학자들이 연구 결과를 발표할 수 있게 하기 위해 〈산술적인 활동〉이라는 새 학술지를 창간했다. 이때 시에르핀스키는 초대 편집장에 취임했다. 그는 이 학술지에 '첫 번째와 마지막 자릿수가 주어진 소수에 관하여'(1959)라는 논문을 통해 자릿수와 소수에 관한 새로운 특징들을 발표했는데, 모든 정수 j와 k 및 모든 자릿수의 수열 $a_1a_2a_3\cdots a_j$와 $b_1b_2b_3\cdots b_k$에 있어서 마지막 자릿수가 1, 3, 7, 9일 때 a의 숫자를 첫 번째 자릿수로 가지고, b의 숫자를 마지막 자릿수로 갖는 소수가 최소 1개 존재한다는 것을 증명했다.

그는 78세의 나이로 바르샤바 대학을 퇴직한 후에도 폴란드 학술원에서 열린 정수론에 관한 세미나에 1967년까지 계속 참석했으며, 정수론의 새로운 아이디어를 끊임없이 제시했다.

또 〈수학의 기초〉에 논문 '수 $k\cdot2^n+1$의 문제에 관하여'(1960)의 정리를 소개했는데, 여기서 모든 양의 정수 n에 대하여 $k\cdot2^n+1$이 합성수가 되게 하는 홀수이면서 양의 정수인 k가 무한히 존재함을 증명했

다. 이러한 특징을 갖는 k는 두 번째 종류의 시에르핀스키 수로 알려졌고, 1962년에 미국 수학자 존 셀프리지가 78557이 두 번째 종류의 시에르핀스키 수임을 증명하면서 이 수는 이러한 특징을 가진 숫자 중에 가장 작은 수라고 여겨졌다.

그 후 40년간 수학자들은 이 추정에 대해 연구를 계속했고, 더 작은 k를 가지는 $k \cdot 2^n + 1$의 모든 수열은 특정한 17개의 k값을 제외하고 최소한 한 개의 소수를 가진다는 결론에 도달하게 되었다.

2002년에 한 그룹의 수학자와 컴퓨터 과학자들이 컴퓨터를 가지고 이 미해결 문제를 풀기 위해 '17 혹은 폭발'이라고 알려진 프로젝트를 시작했다. 이들은 2006년 초까지 17개의 후보 수들 중에 9개를 탈락시켜 78557보다 더 작은 두 번째 종류의 시에르핀스키 수가 될 수 있는 후보 수를 8개로 줄였다.

시에르핀스키는 연구 활동 기간 내내 삼각수, 오각수, 육각수 등 특정한 기하학적 패턴에 적용될 수 있는 정수들의 집합에 대한 많은 논문을 썼다. 이 연구 결과 중 2가지를 발표했는데 〈수학의 기초〉에 '육각수의 성질'(1962)을 실어 이항계수 $\frac{n(n-1)(n-2)}{3 \cdot 2 \cdot 1}$를 나타내는 $\binom{n}{3}$이 있을 때, 방정식 $\binom{x}{3}+\binom{y}{3}=\binom{z}{3}$을 만족하는 무한히 많은 양의 정수 x, y, z가 존재함을 증명하였고, 논문 '계산 과정에서의 3가지 육각수'(1963)에서는 방정식 $\binom{x}{3}+\binom{y}{3}=2\binom{z}{3}$ 역시 무한히 많은 양의 정수를 해로 가짐을 증명했다.

시에르핀스키는 첫 번째 방정식의 해 $x=10$, $y=15$, $z=17$, 두 번째 방정식의 해 $x=6$, $y=12$, $z=10$을 제시했는데, 이 해들은 위와 같은 디오판토스 방정식의 무한히 많은 해 중에서 가장 간단한 것들이다.

말년에 발표한 논문 중에 시에르핀스키 소수 수열이론으로 알려진 연구 성과를 발표한 것은 '이항 x^2+n과 소수'(1964)인데 양의 정수 n, k의 모든 쌍에 대하여 수열 1^2+n, 2^2+n, 3^2+n, 4^2+n,…은 최소 k개의 소수를 가짐을 증명했다.

그는 연구논문과 문제집 외에도 1955년부터 1964년까지 무려 9권의 정수론 책을 펴냈는데, 그중 교과서 〈산수의 계산 기초〉(1955)는 정수론의 핵심에 대한 설명을 담고 있다. 또 1911년에는 그의 연구들에 대한 두 번째 논문집인 '정수론 2부'(1959)를 출간했고, 1964년에는 영문판 '정수론의 기초'(1964)를 출간했다. 좀 더 대중적인 책으로는 피타고라스 삼각형, 디오판토스방정식, 단위분수의 합, 복소수, 삼각수 및 정수론의 기초적 이론 등에 관한 6권의 대중적 개론서를 펴냈다.

1969년 10월 21일 87세인 시에르핀스키는 바르샤바에서 사망했는데, 1949년 폴란드 정부는 그에게 1급 과학 훈장을 주었고, 조국에 대한 지대한 공로에 대한 보답으로 1958년에는 대십자 훈장을 수여했다. 그는 평생 동안 수학자로 연구 활동을 하면서 724편의 논문과 50권의 책을 출간했고, 5개 학술지의 편집위원으로 활동했으며, 9개의 명예 박사학위를 받았고, 14개의 학회 회원으로 활동했다.

정수론의 대가

정수론을 연구한 시에르핀스키는 절대적 정규수를 처음으로 발견했고, 소수의 수많은 특징을 연구했으며, 첫 번째 종류와 두 번째 종류의 시에르핀스키 수를 소개했다. 특히 집합론과 위상수학 분야에서는 연속체 가설의 주요한 역할을 한 계량공간의 많은 특징을 발견했다. 그의 이름을 딴 시에르핀스키 삼각형과 시에르핀스키 눈송이는 프랙탈 형태의 초기 사례가 되었고, 연구소와 학술지 및 교수사회에서 펼친 그의 활동은 폴란드 수학학교의 설립과 발전에 큰 영향을 미쳤다.

대수학을 뒤흔든 여인

에미 뇌더

Amalie Emmy Noether
(1882~1935)

"현존하는 유명 수학자들이 판단하기에,
에미 뇌더야말로 여성이 고등교육을 받은 이래 배출된
가장 뛰어난 창의적인 수학 천재였다."

– 아인슈타인

대수학의 여왕

에미 뇌더는 불변식론, 이데알 및 비가환대수의 분야에서 주목할 만한 업적을 남긴 수학자이다. 그녀의 연구 성과 중 연속 대칭과 양의 보존에 관한 정리는 알버트 아인슈타인의 상대성이론에 수학적 기초를 제공하기도 했다. 뿐만 아니라 환, 체, 이데알 및 비가환대수에 대한 연구 결과와 그 기법은 추상대수 구조의 연구에 중요한 역할을 했다.

'뇌더 스쿨'이라 불리는 비공식적인 수학 연구자들의 모임에서 그녀가 보여준 대수학에 관한 아이디어는 대수학 분야의 연구 방법을 근본부터 바꾸어 놓을 정도였다.

청강생으로 공부하다

에미 뇌더는 1882년 3월 23일 독일 남부의 바바리안 지방에서 태어났다. 그녀의 아버지인 막스 뇌더는 에를랑겐 대학의 수학 교수로서 대수학 분야로 독일 수학계에 잘 알려진 사람이었다. 어머니 이다 카우프만은 재능 있는 피아니스트였고, 에미 뇌더를 비롯한 남동생 3명은 모두 대학 교육을 받았다. 이들 중 알프레드는 화학, 에미와 프리츠는 수학에서 박사학위를 받았다.

1889년부터 1897년까지 뇌더는 고향에 있는 국립 여학교에서 어학과 문학, 예술과 일부 영역의 수학을 공부했다. 3년간의 과정을 마친 후 18살에는 여학교에서 불어와 영어를 가르칠 수 있는 자격증을 얻었다. 그녀는 공부를 더 하고 싶었지만 대부분의 독일 대학들은 여학생들의 입학을 허가하지 않았다. 아주 예외적인 경우에 교수 개인의 허락을 받아 청강생으로 수업을 들을 수는 있었지만 시험을 보거나 정규 학위 과

정을 밟을 수는 없었다.

뇌더는 1900년 겨울 학기에 에를랑겐 대학에서 어학, 역사학, 수학 과목의 청강생이 되었는데, 984명의 남학생과 함께 공부할 수 있도록 허가받은 단 2명의 여학생 중 한 명이었다.

그녀는 동료들에 비해 대학 공부에 대한 준비가 덜 되어 있었지만, 입학 후 3년간 수학 공부에 열중한 결과 1903년에는 독일의 어떤 대학에도 입학 허가가 주어지는 국가 졸업 시험에 합격하게 되어 그해 겨울 학기 괴팅겐 대학의 수학 과정의 청강생이 되어 유럽 최고의 수학자인 힐베르트와 클라인에게 수업을 들었다. 그러던 중 1904년 에를랑겐 대학이 여학생들의 입학을 허가하도록 학칙을 바꾸자 이 대학에 정식 수학 전공 학생으로 등록하여 4년 동안 고급 수학 과정을 공부하면서 폴 고르단 교수와 함께 연구 활동을 했다.

그의 지도 하에 $f(x, y, z)=x^3y+6y^2z^2-5xyz^2+7z^4$과 같이 모든 항의 지수의 합이 4가 되는 3개의 변수를 가진 다항식과 관련된 3원 4차방정식과 작용소 대수의 특징을 발견했다. 뇌더는 이 연구 결과를 '3원 4차방정식의 시스템 구축에 관하여'라는 제목으로 학위논문에 수록했다. 또한 1907년판 에를랑겐의 물리학과 의학협회지에 실리기도 했다. 그녀의 연구 결과에 대한 공식적인 출판은 자세한 주석과 함께 〈순수수학 및 응용수학〉(1908)이라는 학술지에 게재된다. 67쪽에 달하는 이 논문에는 하나의 다항식에 관계될 수 있는 331개의 공변식의 전체 목록이 실려 있다. 1907년 12월 13일 그녀는 수학 교

작용소 집합의 요소를 동일 집합의 다른 요소 혹은 다른 집합의 요소에 대응하는 기호 함수의 개념을 확장한 것이라 할 수 있다.

수 위원회에 출석하여 자신의 이론을 주장하였고, 이듬해 봄 졸업식에서 26세의 뇌더는 최고상과 함께 수학 박사학위를 받았다.

아인슈타인의 이론에 기초를 제공하다

뇌더는 독일에서 박사학위를 받은 최초의 여성 중 한 명이었지만 독일 대학의 교수 자리를 얻을 수는 없었다. 이 때문에 1908년부터 1915년까지 에를랑겐 대학 수학과에서 비공식적인 무보수 강사로 일했는데, 이 기간 동안 동료 교수들과 토론하면서 자신의 연구를 계속했고, 아버지가 몸이 좋지 않을 경우에는 아버지의 강의를 대신했다. 비록 정식 교수는 아니었지만 그녀는 한스 팔켄베르그와 프리츠 자이델만이라는 두 학생의 연구를 지도하여 박사학위를 얻도록 이끌었다.

뇌더는 독일 수학자협회와 팔레르모 수학자협회 회원으로 가입하면서 유럽 수학자계에서 본격적으로 활동했고, 두 학회의 회의에 참석하면서 유럽 전역을 여행했다. 오스트리아의 잘츠부르크에서 열린 독일 수학자협회 회의에서는 'n개의 변수를 가진 불변식론에 관하여'(1909)라는 논문을 발표했고, 그 축약본은 독일 수학자협회 학회보(1910)에, 전문은 〈순수수학과 응용수학〉(1911)에 다시 실었다. 한편 비엔나에서 열린 독일 수학자협회 회의에서 또 다른 논문 '유리함수의 분야'(1913)를 발표했는데, 이 논문을 더 확대한 연구인 '유리함수의 분야와 시스템'은 2년 후 〈수학 연감〉에 발표됐다. 이 두 편의 논문과 박사학위논문을 통해 그녀는 명실공히 수학의 불변식론에서 확고한 명성을 얻을 수 있었다.

1915년 힐베르트와 클라인은 불변식론을 집중 연구하고 있던 괴팅겐 대학의 수학 연구자 모임에 자신들의 제자였던 뇌더를 초청했다. 당시 베를린 대학의 물리학과 교수였던 아인슈타인은 중력의 정리와 가속력을 받은 구조의 움직임을 설명하는 일반 상대성이론을 정립했고, 이와 관련하여 힐베르트와 클라인은 주어진 집단을 둘러싼 중력장의 특징을 설명하기 위한 일반 상대성의 장 방정식을 찾기 위해 노력하고 있는 중이었다. 이후 4년간 뇌더는 불변식론의 다양한 분야에 관하여 9편의 논문을 발표했는데, 〈수학 연감〉에 실린 초기 논문 '프리 어사인드 군을 가진 방정식'(1916)에서 주어진 군이 몇 개의 다항방정식으로 이루어진 군이 되기 위한 조건을 밝혔다. 이 연구 결과는 그 당시 고전적인 문제로 알려졌던 이것의 해법에 매우 중요한 역할을 했다.

뇌더의 연구 중 특히 괴팅겐 대학 과학 학술지에 실린 '불변량의 문제'(1918)는 불변식론에 있어서 가히 기념비적이라 할 수 있는 중요한 성과였다. 이 논문에서는 오늘날 '뇌더의 정리'라 불리는 두 쌍의 정리와 그 역을 증명했다. 이는 유한대칭군과 무한대칭군에 대한 연구로써 어떤 조건에서 군의 움직임의 대칭이 물리계의 질량 보존에 대응하는지를 밝히는 것이다. 에너지 보존의 정리가 이런 일반적인 정리의 한 특별한 경우이기 때문에 뇌더의 정리는 일반 상대성이론의 주춧돌 역할을 하게 되었다. 즉, 그녀의 연구가 아인슈타인의 법칙에 정밀한 수학적 기초를 제공하여 장의 양자론 및 소립자물리학의 기본적인 도구의 역할을 했던 것이다.

교수가 되기 위해

힐베르트와 클라인은 뇌더가 괴팅겐 대학에 처음 올 때부터 공식적인 대학 교수직을 주기 위해 노력했다. 뇌더 또한 교수가 되기 위한 자격을 얻기 위해 '초월수에 관하여'(1915)라는 논문을 괴팅겐 수학 학회지에 실었다. 하지만 교수 회의에서 일부 교수들이 여교수가 남학생들을 가르치면 그 남학생들이 굴욕감을 느끼기 때문에 여성은 교수가 되지 못한다는 학칙을 끝까지 고집했다. 이런 이유에 화가 난 힐베르트는 이곳은 대학이지 목욕탕이 아닌데 교수가 남성이건 여성이건 무슨 상관이냐고 되물었다. 비록 그는 동료 교수들의 생각을 바꾸지는 못했지만 뇌더가 독일 교육부로부터 무보수로 학생들을 가르칠 수 있는 허가를 받는 데는 성공했다.

1919년 제1차 세계대전이 끝날 무렵 독일 정부는 많은 규제들을 철회하였고, 이에 뇌더는 교수 자격 취득을 위해 '불변량의 문제'를 재출간하면서 조교수로 임명되었다. 그 후, 자신의 이름으로 강좌를 개설하였지만 여전히 무보수였다. 3년 후 부교수가 되었을 때도 마찬가지였다. 1923년이 되어서야 수학과 동료들의 도움을 받아 계약 교수직을 얻을 수 있었다.

대학으로부터 재정 지원을 거의 받지 못한 뇌더는 괴팅겐에 돌아온 후 부모님이 물려주신 유산으로 생활을 할 수밖에 없었다. 부모님을 대신해 두 삼촌들이 정기적으로 생활비를 보내 준 덕택에 안정적인 생활이 가능했지만 그녀는 늘 수수한 옷차림과 단출한 식사를 하며 지냈다.

그녀는 가끔 자신을 따르는 학생들을 위해 집에서 저녁을 준비하기도 했다. 뇌더는 괴팅겐에서 생활하는 동안 10명의 이 제자들에게 박사학위를 위한 연구를 지도하면서 그들의 연구논문을 도왔다.

대수학 연구에 혁명을 일으키다

뇌더는 1920년부터 6년간 이데알론이라고 알려진 추상대수 분야를 집중적으로 연구한다. 그녀는 대수학 연구의 중심을 특정한 대상 자체보다는 군, 환, 체, 이데알, 모듈과 같은 '구조의 추상적인 특질'에 대한 연구로 바꾸어 놓았다. 그녀는 대수적 구조에 대한 혁신적인 연구 방법을 슈마이더와 같이 저술하여 '비가환적 영역의 모듈–미분 및 미분방정식을 중심으로'(1920)에서 소개했다. 특히 이 논문 중 미분연산자의 '환ring'부분에서 좌이데알과 우이데알의 개념을 소개했다.

한편 〈수학 연감〉에 발표한 논문 '환상영역의 이데알 정리'(1921)에서는 이데알론에 대한 가장 중요한 연구 결과가 소개됐다. 그녀는 이 논문에서 이데알을 가진 가환링에 있어, 승쇄조건은 모든 이데알이 유한기저를 가진다는 조건 및 모든 이데알의 집합은 최대 원소를 가진 다는 조건과 같음을 증명했다. 이 논문은 매우 중요한 연구 내용을 담고 있을 뿐 아니라 여기서 사용된 기법의 일반성 때문에 근대 추상대수학의 기초를 세운 것으로 평가된다. 또한 '뇌더의 환' 및 '뇌더의 이데알'로 알려진 개념들로 인해 뒤이어 발표된 몇 편의 논문들은 추상대수학 연구의 혁명으로까지 받아들여졌다.

뇌더는 이데알론에 대해 15편의 논문을 발표했는데, 이 중 6편은 독일 수학자협회의 회의에서 발표했다. 〈수학 연감〉에는 '소거론 및 이데알의 일반론'(1923)과 '대수적 정수와 함수 분야에서의 이데알 정리의 추상적 구조'(1927)라는 논문을 발표했고, 독일 수학자협회에서 발표한 논문 중에는 '이데알론에서의 힐베르트수'(1925),'이데알의 이론 및 군 특성'(1926)등이 있다. 이 논문들은 그녀가 제시한 개념들이 일반적인 이론에 광범위하게 적용될 수 있음을 보여 준다.

$$
\begin{array}{c}
(1)=\{\cdots, -3, -2, -1, 0, 1, 2, 3, \cdots\} \\
\text{\rotatebox{90}{$\subseteq$}} \\
(2)=\{\cdots, -6, -4, -2, 0, 2, 4, 6, \cdots\} \\
\text{\rotatebox{90}{$\subseteq$}} \\
(4)=\{\cdots, -12, -8, -4, 0, 4, 8, 12, \cdots\} \\
\text{\rotatebox{90}{$\subseteq$}} \\
(20)=\{\cdots, -60, -40, -20, 0, 20, 40, 40, \cdots\} \\
\text{\rotatebox{90}{$\subseteq$}} \\
(100)=\{\cdots, -300, -200, -100, 0, 100, 200, 300, \cdots\}
\end{array}
$$

$$(100)\lhd(20)\lhd(4)\lhd(2)\lhd(1)$$

정수환에서 정수 n의 배수는 (n)의 형태로 표시되는 이데알이 된다. 20의 배수의 집합은 4의 배수의 집합의 부분집합이 되고, 4의 배수의 집합은 다시 2의 배수의 집합의 부분집합이 되는데, 이와 같은 이데알들의 포함관계는 결국 (1)에서 끝나기 때문에 정수들은 오름차순의 순환조건을 만족한다.

전 세계에 퍼진 그녀의 아이디어

1920년대에 접어들면서 많은 훌륭한 교수와 학생들과 함께 그녀는 추상대수를 연구했다. 세계 수학 연구의 중심지가 된 괴팅겐 대학 수학 연구소는 물론이고, 이 연구소 안에서 가장 능력 있고 연구 성과를 많이 내는 영향력 있는 연구자들의 모임은 날이 갈수록 그 명성을 더해갔다. 이 연구자 모임은 비공식적으로 '뇌더 스쿨'이라 불렸다. 뿐만 아니라 유럽 전역의 국가와 일본, 러시아, 미국 등지에서 모여든 많은 수학자들이 그녀와 함께 연구 활동을 했다. 이들 수학자들이 자국 대학으로 돌아간 후에는 그녀의 추상대수에 대한 아이디어를 동료들에게 전파해 국제 수학계에 큰 영향력을 미치게 했다.

그녀는 〈수학 연감〉의 무보수 편집자로서 많은 수학자들이 제출한 연구논문을 심사·수정·개정하면서 그 논문들에 대해 추가 연구 문제를 제시했다. 그녀는 수학 학술지에 43편의 논문을 싣기도 했는데, 다른 학생들과 수학자들이 그녀의 강의시간이나 공동 연구 과정에서 알게 된 그녀의 생각들을 그들의 공적으로 돌리는 것을 허락했다. 뇌더의 혁신적인 생각들은 대수 및 수학의 다른 많은 분야들의 연구 방법을 바꾸는 데 큰 역할을 했다. 즉 많은 수학자들이 그녀의 이론을 통해 대수기하와 대수적 위상기하 및 물리학과 화학 분야에서 대상의 추상적 구조를 연구하는 방법으로 중요하고 기본적인 발견을 할 수 있었다. 더 나아가 1970년대에는 '새 수학'이라는 형태로 미국 초등학교의 수학교육에도 영향을 주게 된다.

연구의 중심을 비가환대수로

뇌더는 1927년부터 1935년까지 비가환대수에 대한 연구에 관심을 기울였는데, 이는 하나의 순서로 결합된 두 개의 대상은 거꾸로 결합된 경우와 다른 결과를 보인다는 대수적 구조에 관한 연구이다. 이 기간 동안 행렬 환 및 함수, 선형변환, 다원수, 외적 및 다른 비가환적 대상을 연구했다. 그녀는 비가환적 대수를 연구하면서 이데알을 연구할 때 사용한 것과 같은 높은 수준의 추상적 분석 기법을 사용하여 심오하고 강력한 정리들을 증명할 수 있었다.

이 기간 동안에는 비가환대수에 관한 13편의 논문을 썼는데, 이 중 3편은 다른 연구에 큰 영향을 준 것으로 평가된다. 그것은 이탈리아 볼

로냐학회에서 발표하여 〈수학 논고〉에 실린 '다원량과 표현론'(1929), 더 일반적인 설명을 제시한 '비가환대수'(1933), 독일 수학자 리처드 브라우어 및 헬뮤트 핫세와 함께 쓴 '대수론의 주요 정리에 대한 증명'(1932)인데 독일의 대수학자 헤르만 웨일은 특히 이 세 번째 논문을 가리켜 대수학의 발전에 초석을 놓은 기념비적인 논문이라 칭송했다.

학계에서 연구를 인정받다

국제 수학계에서 뇌더가 얻게 된 명성은 더욱 다양한 프로젝트를 수행할 수 있게 했다. 1928년에는 러시아의 모스크바 대학에 방문교수로 취임해 추상대수를 가르치고, 파벨 알렉산드로프 및 다른 연구자들과 공동 연구를 수행하기도 했고, 1930년에는 프랑크푸르트 대학에 방문교수로 취임하여 독일 수학자 프리케, 노르웨이 수학자 오레와 함께 세 권으로 출간된 리처드 데데킨트의 〈수학 연구 모음〉을 편집했다. 그녀는 이 책의 3권에서 데데킨트의 연구를 자세하게 논평했는데, 이 논평이 너무나 포괄적인 것이라 후세 학자들은 〈대수적 정수론에 관하여〉(1964)라는 책으로 따로 출간했다. 또한 프랑스 수학자 카바일레와 함께 칸토르와 데데킨트 간의 서신들을 편집하여 출간했다.

1932년에 일어난 두 가지 사건은 뇌더가 수학자 사회에서 차지하고 있던 지위와 명성을 보여 준다. 첫 번째는 오스트리아의 대수학자 에밀 아르틴과 함께 수학의 발전에 대한 공로로 알프레드 에커만-타우너상을 수상했다. 이 상의 상금은 500마르크(약 120달러)에 불과했지만 이 수상은 수학계가 그녀의 높은 연구 성과 및 수학에 대한 지식을 높이 평가하고 있음을 확인시켜 주는 것이었다. 두 번째는 9월에 열린 스위스 국제 수학자 대회에 초청되어 기조연설을 한 것이었다. '가환대수 및 정수론과 다원계의 관계'라는 연설을 듣기 위해 무려 800명의 수학자들이 참석하여 성황을 이루었다.

미국에서 보낸 말년

1933년 아돌프 히틀러가 독일의 통치자로 취임해 유태인들을 독일 사회의 지도적 위치에서 추방하는 일련의 법안을 제정하자 뇌더의 연구 활동은 큰 위기를 맞게 되었다. 그해 4월 프러시아 과학예술부 및 교육부가 뇌더의 괴팅겐 대학 교수 자격을 박탈하자, 뇌더는 러시아와 영국 미국 등지에서 연구직 및 교수직을 찾으며 동료들과 함께 자신의 아파트에서 연구를 계속했다. 그러던 중 록펠러 재단과 독일 과학자 지원재단의 도움으로 펜실베이니아의 유명 여대인 브라인 마우어 칼리지의 교수로 임명되었다.

뇌더는 미국 수학계에 빠르게 적응했다. 미국에서 가장 유명한 여성 수학자 중 한 명이었던 이 대학의 학과장 안나 필러와 캘리포니아 공대 최초의 여성교수가 된 대학원생 올가 토드와 친하게 지냈는데, 이 두 사람은 괴팅겐 대학에서 공부한 적이 있어 독일 문화에도 매우 친숙했다.

뇌더는 대수학을 가르쳤는데 능력 있는 학생들이 많이 따랐고, 이들 중 루스 스타우퍼의 박사학위 논문을 지도했다. 또한 매주 프린스턴 대학의 고등학문연구소를 방문하여 강연하거나 독일을 떠나온 다른 많은 수학자들과 함께 연구를 했다. 그리고 '접합곱의 분할 및 최대위수'(1934)라는 논문을 작성하기도 했다.

1935년 4월 뇌더는 복부에 있는 악성종양 제거 수술을 받았지만 그 달 14일 53세를 일기로 사망한다. 국제 수학계는 그녀의 예기치 못한 죽음에 경의를 표했다. 그리고 편집자 명단에 그녀의 이름을 한 번도 포함하지 않은 학술지 〈수학 연감〉에 독일 정부의 지침을 무시하고 그녀의 생애와 연구 결과를 찬양하는 장문의 기사를 실었다. 모스크바 수학자협회는 그녀에게 바치는 회의를 열었고, 전 세계에서 몰려든 수학자들이 그녀의 생애에 대한 연설과 그녀의 연구에 대한 논문들을 발표했다. 또한 〈뉴욕타임스〉에는 뇌더는 지금까지 존재한 여성 수학자 중 가장 위대한 여성 수학자라고 칭송한 아인슈타인의 편지가 실렸다.

편견을 넘어선 위대한 수학자

여성과 유태인에 대한 사회적 편견에도 불구하고 뇌더는 훌륭한 수학자가 되었고, 물리학과 수학 분야에 매우 중요한 발견들을 했다. 뇌더의 이론은 아인슈타인의 상대성이론에 매우 정교한 수학적 기반을 제공했고, 양자론, 소립자물리학에 기본적인 도구가 되어줬다. 또한 이데알론과 비가환대수론에 대한 수많은 연구논문을 발표했고, 뇌더 스쿨의 리더로서 수학적 대상의 집합에 대한 추상적 구조를 연구하는 장점을 알려줌으로써 대수학 분야에서 수학자들의 연구 방법을 바꿔 놓았다.

독학으로 우뚝 선 인도의 오일러

스리니바사 이옌가르 라마누잔

Srinivāsa Aiyangar Rāmānujan
(1887~1920)

"신의 생각을 드러내지 않은 식은
나에게 아무런 의미가 없다."

– 라마누잔

인도의 정수론자

라마누잔은 평생 스스로 수학을 공부하면서 무한급수와 양의 정수의 특징에 대해 수천 개의 정리를 발견했다. 그는 영국에 머물렀던 5년간 상수 π의 근삿값 추정, 합성수의 분석, 양의 정수의 소인수의 개수 및 주어진 정수의 분할 등을 위한 기법에 대해 많은 논문들을 발표했다. 이들 주제와 정수론의 또 다른 주제들에 대한 그의 혁신적인 연구들은 확률론적 정수론 및 가법 정수론 분야에서 많은 공헌을 했다. 현대의 수학자들은 그의 논문에 있는 주석뿐 아니라 그가 제시한 유사 세타[theta] 함수에 대한 연구를 계속하고 있다.

무한급수 일정한 순서와 규칙을 가지고 나열된 무한히 많은 수들의 합

브라만 계급의 가난한 신동

라마누잔은 1887년 12월 22일 남인도 마드라스 지방의 이로드 마을에 있는 할머니 집에서 태어났다. 1년 후 그의 가족들은 이곳에서 100마일 떨어진 북쪽에 위치한 도시 쿰바코남으로 이사했다. 그의 아버지는 옷가게의 점원으로 일했는데, 월 26루피 정도의 빈약한 수입이 전부였기 때문에 어머니가 근처 사원에서 찬미가를 부르면서 가계 수입을 충당했다. 어린 시절에 죽은 3형제를 포함해 6남매의 맏이였던 그는 어머니의 관심과 사랑을 한 몸에 받았다.

라마누잔의 가족은 브라만 카스트에 속해 있었고, 힌두교를 믿었다. 라마누잔에게는 인도의 전통에 따라 아버지의 이름인 '스리니바사'와 인도의 전설인 '라마야나'에 나오는 전형적인 인도 남자인 라마의 동생을 뜻하는 '라마누잔'이라는 이름이 붙여졌다. 가운데 이름인 이옌가르는 가족이 속한 브라만 카스트제도의 계급을 의미한다.

인도의 성직자, 학자, 종교 지도자 대부분이 자신이 속한 최고 계급에서 배출되었지만, 가난한 형편 때문에 브라만 계급의 사람들이 누릴 수 있었던 교육, 경력, 결혼 및 인생의 여러 측면에서의 이익을 누리지 못했다. 그의 가족은 브라만 카스트 제도에 따라 채식주의를 지켰으며 식사는 늘 엄격한 기준에 맞춰 준비했다. 또한 가정과 사원에서 힌두교의 수많은 신들에게 기도했는데 특히 라마누잔과 그의 어머니는 그들의 수호신인 라마기리 여신에게 많은 기도를 올렸다.

인도 사람의 피부는 흰색부터 검은색까지 다양하지만 라마누잔의 피부는 워낙에 검은색이어서 영국 대학의 교수들이 그를 흑인으로 착각할 정도였다. 또한 당시의 많은 아이들이 영양실조에다 대부분의 국민들도 말랐는데, 라마누잔의 체구는 뚱뚱했다. 이는 그의 어머니가 그에게 음식을 잘 먹인 탓도 있었지만 활동적인 스포츠보다 정적인 활동을 즐기는 그의 생활 태도도 한 몫을 했다.

라마누잔은 3살 때까지 말을 하지 못했지만 캉가얀 초등학교에 입학할 당시에는 모든 과목에서 두각을 나타냈다. 그는 9살에 탄조르 교육구에서 실시한 영어, 산수, 지리 및 타밀어에 대한 학력 평가에서 최고점을 받았고, 이듬해 타운고등학교의 6학년에 입학할 수 있는 허가를 받으면서 학비의 절반을 장학금으로 받게 되었는데, 이 학교에서 그의 수학적 재능은 교사들과 동급생들에게 널리 알려졌다.

8학년 때 선생님은 3개의 과일을 3명에게 똑같이 나누어 주거나, 1000개의 과일을 1000명에게 똑같이 나누어 주면 모든 사람은 1개의 과일을 갖게 된다는 방식으로 어떤 숫자가 그 자신으로 나누어질 경우 답이 1이 된다는 나눗셈의 기본적인 특징에 대해 설명했다. 그런데, 어린 라마누잔이 0을 0으로 나눌 경우 역시 1이 되냐고 질문했다. 다시 말해 과일이 전혀 없고 사람도 없는 경우에도 모든 사람이 역시 과일 하나를 받게 되는지를 물은 것이다. 당황한 선생님이 이 엉뚱한 학생의 돌발 질문에 무슨 답을 했는지 궁금하지만 전해지지는 않고 있다.

13살 때는 학교 선배가 두 방정식 $\sqrt{x}+y=7$, $\sqrt{y}+x=11$을 만족하는 모든 수 x, y를 찾는 문제를 냈는데 1분도 안 되어 답이 $x=9$, $y=4$임을 맞추었을 뿐 아니라 이 문제를 푸는 아주 쉬운 두 가지 단계를 설명하기까지 했다.

사실 라마누잔은 너무 가난해서 종이와 연필, 교과서가 없을 때가 많아 대부분의 계산을 석판 위에다 분필로 쓰거나 작은 칠판 위에 써야만 했는데 석판이 숫자로 가득 차게 되면 그 숫자들을 팔꿈치로 지우고 다시 쓰곤 했다. 또 책은 그의 집에 하숙을 하는 학생들에게 빌려 읽었는데 13살에 이미 시드니 로니가 쓴 〈삼각법〉의 복사본에 나오는 수학을 독파했고, 이를 통해 각의 사인(sine)과 코사인(cosine)은 직각삼각형의 변의 길이를 나누는 것 말고도 무한급수의 항을 더함으로써 얻을 수 있음을 알게 되었다.

또한 독학으로 삼각함수에 대한 2가지 접근법 사이의 관계를 설명하는 수학 정리를 개발하여 선생님들에게 설명해 주었다. 그가 선생님에게 스위스의 수학자 오일러가 150년 전에 똑같은 발견을 했다고 설명해 주자, 설명을 들은 선생님이 너무나 창피해 하면서 집에 돌아가 자신의 노트를 지붕 밑에 숨긴 일도 있었다.

라마누잔은 15살 때 조지 카의 〈순수수학과 응용수학의 기본적 결과〉라는 책의 사본을 읽으면서 수학에 대한 열정을 느꼈다. 이 책에는 대수, 기하, 미적분학 및 미분방정식에 관한 수천 개의 정리들이 설명이나 증명 없이 열거되어 있다. 그는 몇 개월 동안 이 책에 수록된 정리와 공식 및 기하학적 도형들에 대해 자신의 방법으로 증명하고 각 결과가 맞는지를 확인하는 연구를 몇 달간 계속했다. 그러다가 종종 자신이 풀지 못한 수학문제를 생각하며 잠자리에 들었고, 잠자는 동안 머릿속에 떠오른 아이디어를 기록하기 위해 한밤중에 벌떡 일어나기도 했다.

고등학교 시절에는 수학과 문학에서 뛰어난 성적으로 많은 상을 받았고, 매년 수학경시대회에 참가하여 늘 수석을 차지했다. 크리쉬 나스와미 교장 선생님은 탁월한 수학 성적으로 라오상을 받는 라마누잔에게 100점 이상의 점수를 주고 싶다고 언급할 정도로 성적이 매우 뛰어났다. 또한 그는 영어경시대회에서 우수한 성적을 거두어 여러 권의 시집을 상으로 받았다.

인도에 제2의 오일러가 나타나다

고등학교 졸업반 재학 중에 마드라스 대학 입학시험에 합격한 라마누잔은 영어와 수학에서 뛰어난 성적을 거두어 장학금을 받게 되었다.

그리고 16세의 나이로 쿰바코남의 국립 대학생이 되었는데, 수학만 공부한 결과 다른 과목에서 낙제하는 바람에 장학금을 놓치게 되었고, 이 때문에 무려 석 달간 집에서 쫓겨났다. 이후 1906년에는 마드라스에 있는 파차야파 대학에 입학했는데, 이곳에서도 수학만큼은 뛰어난 성적이었지만 미술 과목에서 두 번 낙제하는 바람에 퇴학을 당하고 말았다.

$$\frac{1}{n+1}+\frac{1}{n+2}+\frac{1}{n+3}+\frac{1}{n+4}+\cdots\frac{1}{2n}$$

$$=\frac{n}{2n+1}+\frac{1}{2^3-2}+\frac{1}{4^3-4}+\frac{1}{6^3-6}+\cdots+\frac{1}{(2n)^3-2n}$$

$$\text{For } n=3,\qquad \frac{1}{4}+\frac{1}{5}+\frac{1}{6}=\frac{3}{7}+\frac{1}{6}+\frac{1}{60}+\frac{1}{210}$$

라마누잔은 자신의 노트 제2장에 간략한 증명과 함께 위와 같은 공식을 남겼다. $n=3$일 때 위의 등식은 등호의 양변이 모두 37/60이 된다.

라마누잔은 이 기간 동안 독학으로 새로운 수학적 아이디어를 얻었다. 그는 도서관에서 빌린 책과 교수들이 강의에서 언급하지 않은 수많은 정리와 이론들을 세 권의 공책에 기록했다. 그 후 몇 년간 교사로 일하면서 돈을 벌었지만 대부분의 시간을 수학 공부와 원리 탐구에 보냈고 공책에 쓰인 많은 정리와 이론을 38개의 장으로 나누고, 각 정리에 일련번호를 매겼다. 이 공책의 주제들은 마방진의 구성, 수학적 상수들의 근삿값 추정, 소수의 성질, 무한급수 분석의 기법, 연분수, 무한곱 등 매우 다양했으며, 10년간 640쪽에 걸친 3권의 노트에 3500개가 넘는 연구 결과를 기록했다.

1909년에는 부모님이 정해준 약혼자 스리마티 아말과 결혼했는데, 그보다 무려 10살이나 많은 사촌누이였다. 그는 부인이 부모님과 같이 지내는 동안 인도 남부 전역을 여행하면서 자신의 공책을 대학에 재직하는 친구들과 교수들, 인도 수학협회의 지도자들에게 보여 주었다.

라마누잔은 넬노어시의 지방장관이며 인도 수학협회의 회원인 라오가 다른 직업을 찾을 때까지 매달 25루피를 주기로 하고 마드라스 에서 연구를 계속하게 도와주었다. 이듬해 그는 마드라스 항에서 관세를 징수하는 정부기관인 마드라스 세관의 회계부에 채용되어 월급 30루피를 받게 되었다. 두 명의 상관 중 한 명인 이예르는 인도 수학협회의 재무책임자였고, 다른 한 명인 스프링 경은 인도 전역에 걸쳐 고위직에 포진한 영국인 중에서도 발 넓은 기술자였다. 이들 모두 라마누잔의 연구를 제대로 이해하진 못했지만 그의 재능만큼은 알아보았고, 자신의 공책으로 계속 연구하게 격려해 주었을 뿐 아니라 연구 결과를 수학 학술지에 제출하게 도움을 주고 대학 교수 자리까지 알아봐 주었다.

1911년부터 1913년까지 라마누잔의 논문 5편이 〈인도 수학협회지〉에 실렸다. 그의 첫 논문 '베르누이 수의 몇 가지 특징'에서는 정수론과 해석학에 많이 등장하는 분수 수열인 베르누이 수의 값을 결정하는 효과적인 방법들을 찾기 위한 코탄젠트 함수에 대해 무한급수를 사용했고, '산자나 교수의 330개 질문에 대하여'(1912) 및 '연립방정식의 집합에 대한 해석'(1912)에서는 10개의 미지수를 가진 10개의 방정식 계를 푸는 방법과 특정한 무한급수를 합하는 방법을 제시했다.

논문 '특이수'(1913)에서는 반복되는 소인수를 갖지 않는 정수의 수열 2, 3, 5, 6, 7, 10, 11, 13, 14, 15…과 홀수인 소인수를 갖는 정수의 수열 2, 3, 5, 7, 8, 11, 12, 13, 17, 18…과 관련한 몇 개의 공식을 제시했다. 그는 $\left(1+\frac{1}{2^2}\right)\cdot\left(1+\frac{1}{3^2}\right)\cdot\left(1+\frac{1}{5^2}\right)\cdot\left(1+\frac{1}{7^2}\right)\cdots=\frac{15}{\pi^2}$ 와 같은 무한곱과 $\frac{1}{2^2}+\frac{1}{3^2}+\frac{1}{5^2}+\frac{1}{6^2}+\cdots=\frac{\pi^2}{20}$ 과 같은 무한합의 값을 결정하기 위해 이런 수열들을 사용했다. 또한 논문 '원을 정사각형으로 만드는 방법'(1913)에서는 주어진 원의 면적과 같은 면적을 가진 정사각형이 되는 선분을 만드는 간단한 방법을 제시하면서, 자신의 방법을 쓰면 14만 평방마일의 원의 면적과 같은 면적을 가진 정사각형의 선분의 길이는 그런 정사각형의 실제 변의 길이보다 1인치 밖에 차이가 나지 않는다고 설명했다.

1911년부터 1919년까지 〈인도 수학협회지〉는 라마누잔이 제시한 미분과 적분, 무한급수, 무한합, 연립방정식, 완전제곱식 및 항등식을 포함한 59개의 문제를 실었다. 그가 독자들에게 풀어 보도록 요구한 문제들 중 하나는 $x=4, y=2$ 또는 $x=\frac{27}{8}, y=\frac{9}{4}$ 와 같이 $x^y=y^x$이라는 방정식을 만족시키는 양의 유리수의 쌍들을 찾는 것이었다.

또 다른 문제는 모든 양의 정수가 항등식 $\lfloor\sqrt{n}+\sqrt{n+1}\rfloor=\lfloor\sqrt{4n+2}\rfloor$를 만족시킨다는 것을 증명하는 것이었다. 여기서 기호 $\lfloor\ \rfloor$는 이 기호 안의 식보다 같거나 작은 정수 중 가장 큰 수를 뜻한다.

그러나 이 학술지에 실린 라마누잔의 문제 중,

$$\sqrt{1+2\sqrt{1+3\sqrt{1+4\sqrt{1+5\sqrt{1+6\sqrt{1+\cdots}}}}}}$$

이 3과 같다는 것은 아무도 증명하지 못했다.

1913년 1월 라마누잔은 자신의 공책에서 발췌한 열 쪽짜리 편지를 영국 케임브리지 대학의 유명한 수학자인 고드프리 하디에게 보냈다. 하디와 그의 동료 존 리틀 우드는 라마누잔의 연구를 분석한 결과 일부는 부정확하고, 일부는 이미 발견된 것들이었지만 다른 많은 공식들이 라마누잔의 수학적 재능을 보여 주는 뛰어난 것임을 확인했다.

하디는 인도에서 발견한 '제2의 오일러'에 대해 동료 교수들에게 열정적으로 설명하고 라마누잔을 영국으로 초청해 연구하도록 했다. 라마누잔은 이 일이 자신의 경력에 도움이 된다는 것을 알았지만 거절할 수밖에 없었다. 왜냐하면 그는 브라만 카스트의 일원이어서 그가 외국 여행을 할 경우 부정한 사람으로 여겨져 더 이상 가족, 친구들과 함께 지낼 수 없기 때문이었다.

하디는 이를 안타깝게 여겨 인도의 마드라스 대학에 라마누잔을 1913년 5월부터 주급 75루피를 받는 특별연구원으로 채용하도록 했다. 드디어 수학 연구자가 된 그는 10개월간 하디와 끊임없이 의견을 교환했고, 자신의 공책에 수록된 연구 결과들을 출판하기 위해 이 대학의 수학 연구위원회에 3편의 논문을 제출했다.

이 시기의 연구 논문 중 다음 4편은 〈인도 수학협회〉(1915)에 실렸다. '수의 젯수에 관하여'에서는 주어진 수를 나머지 없이 나눌 수 있는 양의 정수의 개수의 상한값을 제시했고, '처음 n개의 자연수의 제곱근의 합에 대하여'에서는 다음과 같은 공식을 제시했다.

$$1\sqrt{1}+2\sqrt{2}+3\sqrt{3}+\cdots+n\sqrt{n},\ \ \frac{1}{\sqrt{1}}+\frac{1}{\sqrt{2}}+\frac{1}{\sqrt{3}}+\cdots+\frac{1}{\sqrt{n}}$$

다른 두 개의 논문들은 역탄젠트 함수와 분수의 무한곱에 관련된 적분을 분석한 것이다.

이와 같은 연구 활동 중 1913년 12월 말 나마칼에 있는 나마기리 여신의 사원에서 3일 밤을 보낸 라마누잔은 영국으로 초청한 하디의 제안을 수락하기로 결정했다. 나마기리 여신이 아들의 경력을 방해하지 말 것을 경고하는 꿈을 꾼 그의 어머니도 아들의 해외여행을 허락했다. 그리고 이듬해 2월 마드라스 대학은 그에게 연간 250파운드의 연구비를 2년간 지원하고 영국까지의 여비를 부담하기로 결정했다. 또한 하디는 라마누잔이 전액 장학생으로 케임브리지 대학의 트리니티 칼리지에서 공부할 수 있게 주선하고 연구비로 60파운드를 추가 지원했다. 그해 3월, 드디어 라마누잔은 배를 타고 인도를 떠나 한 달 후 런던에 도착했다.

마방진 여러 부분으로 나누어 숫자나 문자를 특수한 배열로 채운 정방행렬

하디와 함께한 영국 생활

영국에 도착한 라마누잔은 즉시 하디와 리틀우드의 지도를 받아 연구를 시작했는데, 수업시간에 두 교수로부터 배운 정리를 교수들이 미처 발견하지 못했던 내용으로 확장하곤 했다. 그는 공책에 메모해 두었던 개념들을 하디에게 설명해 주었고, 그런 아이디어들을 생각하게 된

영감들을 하디와 공유했으며, 자신의 연구 결과를 증명하기 위해 사용한 기법들을 알려 주었다.

그런가 하면 하디는 라마누잔에게 정교한 수학적 증명을 만들어내는 방법을 알려 주었으며, 리틀우드는 주기함수와 복소함수 및 다른 주제들을 그에게 가르쳐 주었고, 이를 통해 라마누잔은 수학적 지식을 더욱 더 풍부하게 할 수 있었다. 그럼에도 불구하고 하디와 리틀우드 두 교수는 성공적인 수업을 했다고 할 수 없었다. 라마누잔은 새로운 개념을 배우면 교수들이 의도한 바와는 다른 방향으로 사고를 발전시켰기 때문이었다. 라마누잔의 이런 경향을 알게 된 하디는 그의 창조적인 천재성을 꺾지 않기 위해 다른 수학자들과 같은 사고방식을 요구하지 않았다. 오히려 그와 함께 공책에 수록된 연구 결과 중 가장 훌륭한 내용들을 출판하기 위해 준비했으며, 그 연구들을 새로운 방향으로 발전시켰다.

유럽의 수학 계간지에 라마누잔이 처음 실은 논문은 '모듈러 방정식과 파이 근삿값 추정'(1914)이었다. 이 논문에서 그는 파이의 값을 추정하는 다양한 방법을 제시했다.

그의 간단한 첫 번째 식, $4\sqrt{9^2+\frac{19^2}{22}}=3.1415926526\cdots$ 과

두 번째 식 $\frac{355}{113}\left(1-\frac{0.0003}{3533}\right)=3.141592653589794\cdots$은

$\pi=3.141592653589798\cdots$의 실제값을 여덟 번째 자리와 열네 번째 자리까지 정확하게 계산할 수 있는 방법이었다.

그는 이것을 더 발전시켜 로그와 제곱근을 사용하여 서른한 번째 자리까지 정확하게 계산되는 식을 만들어내기도 했다. 그가 발견한 계산

식 가운데 가장 기본적인 것은 무한급수의 한 개의 항을 사용하여 만들어낸 첫 번째 식, $\frac{1}{2\sqrt{2}}\left(\frac{99^2}{1103}\right)=3.14159273\cdots$으로 일곱 번째 자리까지 추정한 것이었으며 a, b, c가 정수인 식 $a+b\sqrt{c}$와 두 개의 무리수의 비에서 끄집어낸 식 $\frac{63}{25}\left(\frac{17+15\sqrt{5}}{7+15\sqrt{5}}\right)=3.1415926538\cdots$을 통해 발전시킨 아홉 번째 자리까지의 추정이었다.

이 논문에는 타원과 모듈함수의 특징에 대한 새로운 관점들도 담고 있다. 오늘날 수학자들은 컴퓨터를 사용하여 이 논문에 제시된 무한급수의 방법을 통해 파이의 자릿수를 계산하고 있다.

하디는 1914년 6월 런던 수학자협회 회의에서 정수의 특징을 다루는 수학 분야인 정수론에 관한 라마누잔의 연구 결과를 발표했고, 이 주제에 관한 라마누잔의 논문 '합성수'(1915)가 〈런던 수학자협회지〉에 발표되었다. 이 논문은 양의 정수가 다른 어떤 작은 수보다 더 많은 인수를 가지고 있음을 설명하고 있다. 첫 번째 합성수는 2, 4, 6, 12, 24, 36이며, 그것은 인수 2, 3, 4, 6, 8, 9를 가진다. 라마누잔은 양의 정수 n의 인수의 개수를 결정하는 함수 $d(n)$값의 상한과 하한을 제시했는데, 이 수들에 대한 그의 분석은 부등식 대수 분야에 대한 탁월한 실력을 보여 준다.

라마누잔은 채 2년이 안 되는 동안 합성수에 대한 논문과 정수론의 다른 주제에 관한 6편의 논문을 트리니티 칼리지의 교수들에게 제출했다. 그리하여 1916년 3월 트리니티 칼리지는 라마누잔에게 과학학사라는 학위를 주었는데, 4년 후 그 명칭은 박사학위로 바뀌게 된다. 마드라스 대학은 그의 연구를 위한 재정 지원을 3년간 연장하기로 했고, 그 기간 동안 라마누잔은 자신의 이름으로 15편의 논문을 내고, 하디와 공동으로 7편의 논문을 냈다.

1917년 라마누잔과 하디는 2, 3, 5, 7, 11, 13, 17과 같이 1보다 크지만 자신을 제외하고는 어떤 양의 정수로도 나눠지지 않는 소수에 관한 공동 연구 논문을 발표했다. 그들의 공동 논문 'n의 소인수 개수'가 수학 계간지에 실렸는데, 이 논문에서 양의 정수 n을 나누는 소수의 정확한 개수를 언제나 알 수 있는 공식을 발표했다. 보통의 양의 정수 n이 $\log_{10}(\log_{10^n})$개의 소인수를 갖는다는 것을 증명함으로써 많은 개수의 소인수를 갖는 정수는 의외로 매우 적다는 것을 보였다.

그들은 그해 발표한 이 논문과 다른 관련 논문들을 통해 양의 정수에 있어 소인수의 개수에 대한 최초의 체계적인 연구를 제시했다. 그 후 30년간 다른 수학자들은 이들의 연구 결과를 토대로 '확률론적 정수론'이라는 수학 분야를 발전시켰다.

라마누잔은 1916년부터 발표된 3편의 논문에서 제곱의 합으로 수를 나타내는 주제에 관한 새로운 아이디어를 제시했다. '산술함수에 관하여'(1916)와 '삼각합과 정수론에 대한 적용'(1918)이라는 두 논문을 〈케임브리지 철학회지〉에 발표하여 양의 정수 n의 제수의 합인 중요한 정수론적 함수 $\sigma(n)$ 및 n보다 작은 소수의 개수인 $\varphi(n)$에 대한 근삿값을 추정할 수 있는 무한급수를 제시했다.

역시 같은 학술지에 실은 논문 '$ax^2+by^2+cz^2+dt^2$의 수식에 관하여'(1917)는 $ax^2+by^2+cz^2+dt^2$에서 나타날 수 있는 모든 양의 정수 a, b, c, d의 집합이 총 55개가 있다는 것을 증명했다. 제곱의 합으로 수를 표현하는 그의 논문을 통해 다른 수학자들은 전통적인 정수론의 분야에서 새로운 많은 발견을 할 수 있었다.

라마누잔은 1913년 하디에게 보낸 첫 편지에서 숫자를 양의 정수의 합으로 표현하는 방법과 양의 정수의 분할에 대한 자신의 분석을 언급했는데, 〈케임브리지 철학회지〉에 발표한 '조합론에 대한 점근적 정리'(1918)라는 논문에서 양의 정수 n을 분할하는 숫자인 $p(n)$의 정확한 값에 근접할 수 있는 점근적인 근삿값을 추정하는 공식을 하디와 함께 제시했다. 무한급수의 항의 특정한 개수를 더하는 방법과 가장 근사한 정수에 소수를 버리는 방법을 통해 그들의 공식은 $p(n)$의 정확한 값을 얻어낼 수 있었다. 이에 그 후 몇 년 동안 다른 수학자들은 가법정수론의 많은 문제를 푸는 데 사용될 형식적인 방법에 대한 점근적인 접근법을 개발했다.

라마누잔은 영국에서 하디와 같이 연구한 5년 동안 영국의 학술지에 무려 28편의 논문을 실었다. 이 논문들은 정수론과 타원함수의 분석, 연분수 및 무한급수의 연구에 많은 공헌을 했다. 이들의 연구는 수학의 많은 분야에서 큰 진보를 이룩했으며, 이와 더불어 수학에 대한 공로를 인정받은 라마누잔은 런던 수학자협회 트리니티 칼리지의 회원 및 왕립런던학회의 회원으로 선출되었다. 그는 영국 왕립학회의 회원으로 선출된 최초의 인도인이자 아시아인이었는데, 그해 1918년 왕립학회 회의에서는 과학의 모든 분야에서 선출된 104명의 후보자 중 단 15명만을 회원으로 선정했으니 실로 대단한 뉴스거리가 아닐 수 없었다.

라마누잔의 수학 업적은 뛰어났지만 정신적, 육체적으로 병에 시달려 매우 괴로운 상태였다. 아내, 어머니, 친구들로부터 떨어져 있는 외로움과 영국의 우중충한 날씨에서 비롯된 감기, 제1차대전으로 인해 인도로 돌아가지 못하는 상황 및 브라만 계급에 속한 사람이라면 따라야 하는 채식주의를 지키지 못하고 있다는 자책감 때문에 심한 우울증에 걸려 달리는 열차에 뛰어들어 자살을 시도하기도 했다. 결국 그는 1917년부터 2년간 병명도 밝혀지지 않은 채 런던과 웨일즈의 병원에서 대부분의 시간을 보내게 되었다.

한번은 이런 일도 있었다. 라마누잔의 병실을 방문한 하디가 자신이 방금 타고 온 택시의 번호판이 1729라는 매우 지루한 숫자라고 말했다. 그러자 라마누잔은 즉시 그 숫자는 인도에 있을 때 발견하여 노트에 써 놓았던 것이라고 했다. 그리고 두 수의 세제곱의 합을 두 개의 다른 방법으로, 즉 $12^3+1^3=1728+1=1729$, $10^3+9^3=1000+729=1729$로 나타낼 수 있는 수들 중 가장 작은 숫자라는 점에서 오히려 매우 흥미로운 숫자라고 답했다. 이 이야기는 '택시 문제'로 알려지게 되었고, 수학자들은 이와 비슷한 수학적 특징을 가진 다른 수들을 연구하기 시작했다. 수학자들은 방정식 $a^3+b^3=c^3+d^3$을 만족시키는 4개의 정수 a, b, c, d의 집합을 '라

마누잔의 수'라고 부르며 그런 수의 집합이 무한히 많음을 증명했다.

고국에서 연구를 이어가다

1919년 2월, 제1차 세계대전이 끝나고 건강이 회복되자 라마누잔은 즉시 인도로 돌아왔다. 그는 금의환향하여 훌륭한 수학자로 대접받았고, 마드라스 대학은 그에게 연봉 250파운드의 5년간의 연구교수직을 제안했다. 또한 트리니티 칼리지는 귀국 여비를 부담하면서 하디와의 공동 연구를 계속할 수 있게 지원했다. 그는 건강이 좋지 않음에도 불구하고 연구에 몰두했고, 1920년 1월 하디 교수에게 '유사세타함수'라고 이름 붙인 새로운 함수를 발견했다는 편지를 보냈다. 이 함수는 다음과 같은 유리식의 무한합으로 이루어져 있다.

$$\phi(q) = 1 + \frac{q}{1+q^2} + \frac{q^4}{(1+q^2)(1+q^4)} + \frac{q^7}{(1+q^2)+(1+q^4)(1+q^6)} + \cdots$$

그는 이 함수를 노트 130장에 650개가량 기록했는데, 이 노트는 그가 죽은 후 1976년까지 마드라스 대학 도서관에 감추어져 있었기 때문에 '잃어버린 노트'라고 불린다.

라마누잔은 죽기 직전까지 수학 연구를 계속했는데, 연구에 몰두하는 동안에는 밥 먹는 시간조차 아까워해 부인이 밥을 먹여줘야만 했다.

라마누잔은 간디스토마에 걸려 1920년 4월 26일 마드라스 인근의 셋집에서 32세를 일기로 세상을 떠났다. 15년 후 하디는 순수하게 재능을 기준으로 수학자들의 순위를 매겼는데, 100점 만점에서 자신을

25점, 라마누잔을 100점으로 평가했다. 라마누잔이 공책에 남긴 4000여개의 정리들은 전 세계 수학자들의 연구 대상이 되었고, 이 중 80%는 라마누잔이 발견했을 당시 전혀 알려지지 않았다. 2005년 국제 수학자협회는 개발도상국의 젊은 수학자들에게 매년 수여하는 라마누잔상을 제정하여 그의 훌륭한 업적을 기렸다.

통찰력을 지닌 창조적 수학자

라마누잔은 고급 수학에 대한 정규 수업을 받지 못했지만, 대수적 공식과 무한급수 등에 통찰력을 가진 창조적인 수학자였으며, 이 분야의 연구를 통해 정수론에 지대한 공헌을 했다. 그는 오늘날까지도 수학자들이 사용하고 있는 π값을 추정하는 방법을 고안했고, 합성수의 새로운 분석 기법을 소개했다. 또한 양의 정수의 소인수의 개수를 결정하기 위해 개발한 방법은 확률론적인 정수론이 탄생하는 배경이 되었다. 뿐만 아니라 양의 정수의 분할의 가짓수를 추정하는 그의 점근법적인 공식은 순환법 도입의 계기가 되었고, 이는 가법정수론의 획기적인 발전에 도움을 주었다.

오늘날까지도 수학자들은 그가 발견한 유사세타함수와 그의 공책에 남겨진 수천 개의 공식에 대해 계속 연구하고 있다.

인공두뇌학의 아버지

노버트 위너

Norbert Wiener
(1894~1964)

노버트 위너는 브라운 운동을 수학적으로 해석하고,
포텐셜 이론을 설명하는 데 필요한
정밀한 수학적 내용을 개발했으며,
인공지능의 기본적인 기준을 만들었다.

타고난 신동

노버트 위너는 신동으로 9살에 고등학교를 입학하고, 14살에 하버드 대학원에 들어가 18살에 학위를 받았다. 그리고 이에 걸맞게 순수수학은 물론이고 새로운 수학적 기법을 발견하여 물리학, 생물학, 기술공학의 응용적인 문제들을 해결하는 데 도움을 주었다. 또한 '위너 추정'을 개발하여 '브라운 운동'을 수학적으로 쉽게 설명했으며, 어떠한 이론을 펼쳐나가는 데 있어서 필요한 확률적 기법이나 통계적 기법의 발전에 크게 공헌했다.

브라운 운동 액체나 기체 안에 떠서 움직이는 미세한 입자의 불규칙한 운동

인공두뇌학(Cybernetics) 인간 대신 기계에 계산이나 기억, 조절 등을 시키는 것을 연구하는 학문.

또한 매우 정밀한 수학 이론을 만들어 위너 판정법과 디리클레 문제를 명쾌하게 분석했다.

하지만 그의 대표적인 업적은 '인공두뇌학'의 기준을 세운 것인데, 인간과 기계 사이에 일어나는 상호작용을 이해하는 데 도움이 되는 통계 기법을 이

기준에 따라서 만들었다.

MIT 대학 교수가 되다

노버트 위너는 1894년 11월 26일 미주리 대학의 현대문학 교수인 레오 위너와 백화점 경영자의 딸인 베르타 칸 사이에서 태어났다. 이듬해에 위너의 아버지가 하버드 대학에서 슬라브 문학 교수직을 맡게 되어 위너의 가족은 매사추세츠로 이사하게 되었다.

위너는 이미 3살 때 글을 읽을 정도로 영특했고, 교수인 아버지로부터 많은 것을 배웠을 뿐 아니라 엄청난 분량의 책을 읽으면서 신동으로서의 자질을 훌륭히 키워나갔다. 그의 학력 또한 놀라운데, 더하기와 빼기를 배울 나이인 9살 때 아예르 고등학교에 입학하여 11살에 졸업했고, 14살에는 매사추세츠 메드포드의 터프트 칼리지를 졸업했다. 그 후 하버드 대학에서는 동물학을, 코넬 대학에서는 철학을 공부한 후, 다시 하버드 대학으로 돌아와 18살에 박사학위를 받게 된다. 박사학위 논문은 러셀과 화이트헤드가 함께 쓴 '수학 원리'와 이 두 사람보다 앞선 시대의 독일 수학자 슈뢰더의 대수이론을 비교하여 '슈뢰더와 화이트헤드, 러셀의 대수학 비교'(1913)를 썼다.

학위를 받은 후 하버드 대학으로부터 장학금을 지원받게 된 그는 유럽을 두루 여행하면서 국제적으로 유명한 수학자들과 공동 연구를 하였고, 철학에 대한 논문을 쓰기도 했다. 예를 들어 영국 케임브리지 대학에서는 러셀과 수학의 원리를, 하디 교수의 지도를 받으면서는 적분에 관해 연구했다. 독일에서는 괴팅겐 대학을 방문하여 힐베르트와 미분방정식을, 란다우와는 집합론을 함께 연구했다.

이런 활발한 연구와 더불어 훌륭한 논문도 많이 발표했다. 영국에 머무는 동안 〈수학통신〉에 '주어진 어떤 수열보다 더 큰 서수 급수의 자연수 재배열 방법에 관하여'(1913)라는 집합론에 관한 짧은 논문을 발표하였고, 〈철학적, 심리학적, 과학적 방법〉에 실린 '최선'(1914)이라는 논문으로 하버드 대학 졸업생들이 쓴 철학 논문에 주어지는 보도윈상을 수상했다. 하지만 정작 위너가 쓴 철학과 논리학에 관한 15편의 논문 가운데 가장 최고로 손꼽히는 것은 〈케임브리지 철학 공동체의 행동〉에 실린 '관계논리의 단순화'(1914)이다. 이 논문에서는 관계론을 집합론으로 바꾸는 혁신적인 방법에 관해 설명하고 있다.

제1차 세계대전이 일어나기 직전에 미국으로 돌아온 위너는 5년 동안 다양한 직업을 경험하게 된다. 1915년부터 1916년까지는 하버드 대학에서 수리 논리학 강의를 했고, 이듬해에는 메인 대학에서 수학 강사로 일했다. 그 후 하버드 대학의 예비역 장교 교육과정을 수료하고 제너럴 일렉트릭사에서 증기엔진의 증기 소비를 테스트하는 팀장으로 일했다. 또한 〈미국 백과사전〉의 편집자로 1년간 일했고, 수학자 베블린의 초청으로 Aberdeen Proving Ground의 탄도학 팀에 합류했다. 이 팀에서는 대포의 구경과 탄약의 장전량, 풍속, 공기압 등의 변수를 이용해 신형 대포와 탄약의 조립 테이블을 계산하는 일을 했다. 이뿐만이 아니라 제1차 세계대전이 끝난 후에는 〈보스턴 헤럴드〉의 기자가 되어 섬유 공장에서 일하는 이민 노동자들의 어려움이나 대통령 선거에 출마한 에드워드 후보에 관한 기사를 쓰기도 했다.

1919년, 위너는 MIT 공대의 수학과 교수로 임용되었다. 그 당시 MIT 공대 수학과는 과학과 공학을 전공하는 학생들에게 기초 과정만 가르치고 있었다. 그런데 위너가 수학과 교수가 된 이후 41년간 능력 있는 수학자들을 많이 초청하여 이 대학의 수학과를 열정적인 연구기관으로 바꾸어 놓았고, 타 학과와의 공동 연구도 활발하게 이끌었다. 이 같은 노력 덕분에 MIT 대학은 순수 · 응용수학에서 미국의 대표적인 연구기관으로 자리 잡게 되었다.

물리학과 수학의 만남

위너가 MIT에서 해결한 첫 번째 과제는 브라운 운동에 대한 수학적 분석이었다. 브라운 운동이란 1827년 영국의 식물학자인 로버트 브라운이 연구한 것으로 물속에서 떠다니는 꽃가루나 유기물들의 움직임을 말한다. 이 현상에 관심을 가진 아인슈타인은 1905년 물속에서 부유하는 입자들과 물 분자들이 충돌하면서 움직임을 불규칙하게 만든다는 사실을 이론화했다. 그리고 개별적인 입자들의 움직임을 조사한 위너는 입자들이 갑작스럽게 이동 방향을 바꾸는 바람에 이동 경로가 연속적이기는 하지만 미분하는 것은 불가능하다는 사실을 증명하게 된다.

그는 〈과학학술원지〉에 '브라운 운동의 평균'(1921)이라는 논문으로 브라운 운동을 수학적으로 분석하면서 '위너의 추정'을 소개하였고, MIT 대학의 〈수학, 물리학 저널〉에 논문 '미분 가능한 공간'(1923)에서는 이 방법을 좀 더 일반화했다. 위너의 방법은 서로 아무런 관련이 없는 크고 작은 사실들이 주식의 평균가격이나 왜곡된 전기적 신호의 변환에 어떤 영향을 미치는지 알아보는 데 필요한 수학적 모델을 제시한 것이다.

하지만 이는 너무나 고차원적인 이론이어서 약 20년간 주목받지 못했다가 프랑스의 폴 레비와 러시아의 안드레이 콜모고로프가 확률론과 통계론의 이론적 기초로 인용하면서 비로소 인정받게 된다.

위너는 '정전기학'에 관심을 돌려 방전이 일어나지 않음과 동시에 충전이 가능한 전기도체의 형태를 결정하는 문제를 연구했다. 그리고 이 연구를 진행하면서 좀 더 일반적인 형태의 '디리클레 문제'에 다다르게

된다.

새로운 수학적 문제를 만나게 된 위너는 MIT 대학의 동료인 헨리 필립과 함께 〈수학, 물리학 저널〉지에 논문 '전기망과 디리클레 문제'(1923)를 실어 이에 관한 개략적인 연구 결과를 제시했다. 또한 이듬해 같은 학술지에 '디리클레 문제'(1924)라는 논문을 발표하여 충전과 동시에 방전이 일어나는 문제에 대한 많은 해결책을 제시하고 디리클레 문제에 대한 좀 더 상세한 연구 결과를 보여 주었다. 위너의 이런 연구는 이후 위치이론과 전자기학, 중력장이론의 연구에 큰 영향을 미치게 된다.

또한 같은 해 파리과학원의 학술지에는 '디리클레 문제에 있어 확률에 대한 필요충분조건'(1924)이라는 논문을 발표하여 도체에서 전압이 단절되는 위치를 측정하는 방법, 즉 오늘날의 '위너 판정법'을 제시했다.

이 논문을 통해 불안정한 충전이 일어나는 모든 형태를 제시함으로써 정전기학 분야의 중요한 문제를 제기하였고, 아울러 전통적인 위치이론 분야에 정밀한 수학적 기초를 제공하여 좀 더 일반적인 문제를 다루게 했다.

1920년대를 거치면서 위너에게는 개인적인 변화와 더불어 새로운 공동 연구의 기회가 찾아오게 된다. 1924년에 MIT 대학의 조교수로 승진한 그는 2년 후 주니아타 대학 어학부의 조교수인 마가렛 엥게만과 결혼했다. 이들 부부는 구겐하임 장학생이 되었고, 이후 2년간 영국, 독일, 이탈리아, 스위스, 덴마크를 여행하였는데, 이 기간 동안 유럽의 학자들과 공동 연구를 하면서 새로운 학자들을 사귀었다. 또 위너 자신이 출판한 연구 결과들을 일반화하는 작업을 함께 진행했다. 그러던 중 미국으로 돌아온 부부는 첫 아이 바바라를 얻게 되고, 1929년에는 둘째 딸 페기를 낳고 그해에 위너는 MIT 대학의 부교수로 승진하게 된다.

1920년대 후반에 접어들면서 위너는 전기적 신호를 처리하는 수학적 기법을 중점적으로 연구했다. 그 당시 수학자와 공학자들은 일정한 패턴을 반복하는 주기신호를 사인곡선의 무한합으로 나타낼 때 '푸리에 분석기법'을 사용해 왔는데, 위너는 〈수학 연구〉에 논문 '일반화된 조화해석'(1930)을 발표하여 패턴이 일정하지 않은 전기신호에까지 응용할 수 있게 확장시켰다. 뿐만 아니라 다음과 같은 방정식을 증명하는 연구들을 통해 무한급수의 가중평균에 대한 이론과 수많은 타우베르 Tauberian의 법칙을 이끌어냈다.

$$\lim_{\mu \to 0} \frac{1}{2\mu} \int_{-\infty}^{\infty} |s(u+\mu) - s(u-\mu)|^2 \, du$$
$$= \lim_{T \to \infty} \frac{1}{2T} \int_{-T}^{T} |f(x)|^2 \, dx$$

이 연구 결과는 〈수학 연감〉에 '타우베르의 정리'(1932)로 발표되었고, 위너는 높은 수준의 내용과 독창적인 이론 설명에 대한 공로를 인정받아 미국 수학자협회의 보쉐상을 받게 된다. 100쪽이 넘는 이 논문은 정밀한 증명으로 이루어진 소수이론이라든지 정수 N이 소수가 될 확률은 약 $\frac{1}{\ln(N)}$ 이 된다는 정수론의 매우 중요한 정리들로 이루어져 있다.

위너는 조화해석의 일반화 및 무한급수에 대한 연구로 탁월한 수학자라는 명성을 얻게 되었고, 1932년 MIT 대학의 정교수에 임명되었다. 한편 1933년에는 국립 과학원의 회원으로 선출되었다. 이렇게 국제적인 명성을 얻게 되자 외국 연구기관의 수학자들과 함께 공동 연구를 할 기회가 더 많이 늘어났고, 동시에 외국의 유명 수학자들이 MIT에 방문 연구원으로 와서 연구하는 사례도 많아졌다. 그리고 이 공동 연구를 통해 중요한 결과도 많이 발표되었다. 우선 함수를 사인(sin*e*)과 코사인(cosine) 곡선의 무한합으로 나타내는 푸리에 분석에 관한 새로운 결과를 얻게 되었다.

또 오스트리아의 수학자 에버하르트 호프를 MIT 대학으로 초빙해 적분방정식의 해를 찾는 연구를 함께 진행하고, 독일 과학원의 수학물리분과회의에서 논문 '적분방정식의 한 분류에 대하여'(1931)를 공동 발표하여 1940년대 무렵 위너의 중요한 연구 주제가 되는 '위너－호프 방정식'을 소개했다.

1931년에서 1932년까지는 케임브리지 대학에서 푸리에 분석에 대한 최근 연구 결과를 강의하였는데, 이 강의 내용은《푸리에 적분과 그 응용》(1933)이라는 제목으로 출판되었다. 그리고 이듬해에는 케임브리지 대학의 젊은 영국인 수학자 레이먼드 팔리와 함께《복소수 영역에서의 푸리에 변환》(1934)이라는 책을 펴냈다.

위너의 연구에 대한 뜨거운 열정은 계속되는데, 1930년대 후반에는 적분법을 사용하여 성공적으로 분석한 응용 기법들을 카오스 이론과 에르고트 이론까지 확장했다. 또한 〈미국 수학저널〉에 실린

위너의 추정 각 개별 이동 경로에 확률을 부여한 경로들의 집합에 대한 평균을 구하는 방법

디리클레 문제 주어진 영역에서 잘 정제된 미분계수를 갖고, 그 영역의 경계에서 특정한 값을 갖는 함수를 결정하는 문제

푸리에 분석기법 주기함수를 사인(sin*e*)함수와 코사인(cosin*e*)함수의 합으로 나타내는 기법

위너-호프 방정식

$$f(x) = \int_0^\infty K(x-y)f(y)dy$$

카오스이론 겉으로 보기에는 불안정하고 불규칙적으로 보이지만 나름대로 질서와 규칙을 가진 현상을 설명하려는 이론

논문 '동차 카오스이론'(1938)은 브라운 운동 등의 불규칙 운동을 수학적으로 설명하고, 이를 좀 더 확장하여 난기류, 유체의 이동, 전기신호 변환 시 발생하는 잡음 등의 다른 현상에까지 적용했다. 더 나아가 〈듀크 수학 저널〉에 발표한 '에르고트 이론'(1939)에서는 입자들의 불규칙 운동에 대한 에르고트 이론을 재증명하고 그 적용을 더욱 확장하였는데, 물리학자들은 이런 위너의 아이디어를 기초로 하여 양자역학의 이론을 확립했다.

전쟁의 소용돌이 속에서

위너는 제2차 세계대전의 전운이 감돌던 1930년대 후반부터 전쟁에 대비한 많은 활동을 하게 된다. 그는 모국을 떠난 외국학자들에게 거주지를 제공하기 위해 비상위원회에 참여하면서 외국 출신 수학자와 과학자들에게 미국의 대학을 소개하는 일을 맡는다. 그리고 1940년에는 전쟁에서 수학을 활용하기 위해 AMS와 미국 수학자협회가 공동으로 조직한 전쟁준비위원회에도 참여했다.

위너가 미분방정식을 풀 수 있는 컴퓨터의 기초 설계를 하게 된 것은 정부가 설립한 과학연구개발위원회(OSRD)에 참여할 때였다. 그는 10^k로 표현되는 십진법을 다루는 기존의 기계들을 개선하지 않고 2^k로 표시되는 이진법을 다루는 기계를 새로 개발하였는데, 예를 들어 이 기계의 수 $1101.101_{(2)}$는 $2^3+2^2+2^0+2^{-1}+2^{-3}=8+4+1+\frac{1}{2}+\frac{1}{8}=13.625$를 의미한다. 그는 연산자료들을 자기 테이프에 저장하고 무작위로 추출된 많은 양의 자료들을 평균하여 미분방정식을 푸는 몬테카를로 방법을 채택하려 했다. 하지만 상급자의 반대로 완성하지 못했다. 그 후 이진법을 이용하고 자료를 자기 테이프에 저장하며, 몬테카를로 알고리즘을 사용한다는 그의 개념은 다목적 디지털 컴퓨터의 기본 모형이 되었다.

1940년 말에는 대공화기對空火器의 효율적인 화력통제장치를 개발하는 작업에 참여하여 위너-호프 방정식을 확장하는 두 개의 알고리즘을 개발했다. 그중 첫 번째는 비행기의 궤적을 추적하는 레이더 신호에서 그 신호를 왜곡하는 잡음들을 제거하고 필요한 신호만을 가려내어 오류를 최소화하는 것이고, 두 번째는 비행기가 10초 동안 지나간 궤적을 가지고 앞으로 20초간 어떤 경로로 비행할 것인지를 통계적으로 예측하는 것이다.

이 문제의 해결 과정에서 위너의 가장 창의적인 공헌은 목표물을 추적하고 사격을 하는 과정에서 대공화기를 다루는 병사를 하나의 변수로 생각했다는 점이다. 이에 위너의 연구팀은 병사가 입력하는 데이터와 추적 장치에서 일어나는 과정을 결합한 통제장치를 개발했다. 음의 피드백의 순환고리와 인간과 기계의 상호작용에 대한 그의 생각은 〈정지된 시계열을 정리하는 보간법과 보외법 및 그의 기계적 적용〉(1942)이라는 보고서에 잘 나타나 있다. 이 책은 표지의 색깔과 어려운 주제로 인해 '노란 어려움Yellow Peril'이라고 불렸는데, 제2차 세계대전 후반기에 대공화기의 목표물 설정과 사격 시스템을 설계하는 공학자들에게 매우 유용한 자료가 되었다.

1949년에는 자동화된 통제 시스템과 전자통신장비의 설계에 영향을 미친 산업적 적용을 소개한 요약본을 출판했다. 여기에 담긴 예측이론과 통신이론의 통계학적 접근법은 통신기술의 개발에 있어 전반적인 통계학적 관점을 제시할 뿐만 아니라 기상학과 사회학, 경제학에까지 영향을 미치게 된다.

위너는 전쟁이 막바지에 이르자 사회적 이슈에 대한 목소리를 높이기 시작했는데, 1945년 미국 정부가 일본에 원자폭탄을 투하하기로 결정한 이후 군사적 분쟁에 대해 공공연히 반대를 표명했고, 향후 군사적인 기술 개발로 이어질 수 있는 연구나 회의에 참석하는 것을 일절 거부했다. 그는 전쟁과 살상무기 개발에 대한 반대 의견을 두 장의 편지에서 역설했는데, 월간 〈대서양〉에 발표한 '과학자의 반란'(1947)과

〈핵과학자〉에 발표한 '2년 후의 과학자들의 반란'(1948)이 그것이다. 그는 동료들에게 그들의 연구가 갖는 도덕적 문제와 그것으로 인한 사회적 파장에 대해 경고하였고, 컴퓨터로 제어되는 무기체계의 개발과 인간 노동자들이 점차 사라져가는 공장의 자동화에 대해서도 우려를 나타냈다.

이와 더불어 1949년 경영개발학회와 1952년 미국 기계공학학회에서의 연설에서는 이 협회에 참석한 과학자들에게 자동화의 장단점에 대해 설명하고, 공장 자동화로 인해 일자리를 잃은 노동자들이 기계 수리공이나 공예 기술자 또는 프로그래머에 종사할 수 있게 그들을 훈련시킬 것을 주장했다. 그리고 〈인류에 대한 인류의 사용〉(1950)에서는 고도로 기계화된 사회에서 발생하는 부작용에 대해 함께 고민할 것을 강조했다.

인간과 기계의 상호작용관계

위너는 1940년대 중반 이후 20년간 인간과 기계의 상호작용과 인간 신체의 기계론적 분석에 대해 집중적으로 연구했다. 멕시코의 생리학자인 로젠블루스와 함께 인간의 외파에서 발생되는 전기적 신호의 모델을 만들기 위해 시계열 분석이라는 통계학을 사용하였고, MIT 대학의 최신 장비를 사용하여 매사추세츠 병원과 공동 연구를 한 결과 신경에서 신경으로 전달되는 전기적 자극의 흐름이 컴퓨터 회로 내에서 일어나는 전기적 흐름과 유사하다는 것을 발견했다. 그들은 많은 논문을 통해 이런 연구 결과를 발표했는데 '상호 연결된 반응성 요소들의 체계에서 자극의 문제에 대한 수학적 형식화 – 심근을 중심으로'(1946)라는 논문이 가장 대표적이다.

위너는 인간의 각 신체 부위가 스스로 기능을 통제하고, 서로 소통하는 방법에 관해 연구하면서 철제 폐를 개발하는 연구를 진행했다. 이 원리는 마치 폐 근육이 다시 호흡하는 것을 배우는 것처럼 환자의 신경계통으로부터의 신호가 인공호흡장치를 자극할 수 있도록 철제 폐가 상호작용하는 데 있다. 그리고 〈과학의 철학〉이라는 논문 중 '청각장애인과의 음향소통'(1949)에서는 청각장애인의 피부에 압력을 보내는 방식으로 음향을 전달하는 방법을 발표하였고, 〈미국 수학자협회지〉의 '감각 보철물의 문제'(1951)에서는 환자가 자신에게 부착된 인공수족을 자신의 마음대로 움직일 수 있는 방법에 관해 소개했다.

또한 인간의 신체가 혈압과 체온, 신체적 균형에서 정상을 벗어나는 경우 반자동적인 시스템을 통해 균형을 유지할 수 있게 하는 과정을 연구하였는데, 이에 관한 연구 결과는 〈프랭클린 연구소〉에 발표된 '개인과 사회에서의 항상성'(1951)이라는 논문과 〈필라델피아 의대 연구지〉에 소개된 '의약품에서의 항상성의 개념'(1953)이라는 논문을 통해 알려졌다.

위너의 통제와 소통, 신체조직에 대한 새로운 의미의 연구 분야는 '인공두뇌학'이라고 불리게 되었는데, 이는 '조타수'라는 의미의 그리스어 'kubernetes'에서 따온 것이다. 이 분야에서 그는 구조와 시스템, 신체조직 내의 다양한 요소간의 상호작용을 설명할 수 있는 수학적 틀을 제시하는 연구를 했다. 그리고 대부분의 시스템이 부분적이면서 불확실한 정보를 가지고 기능을 발휘하기 때문에 정보론과 예측론, 소통론의 상호작용에 있어 통계적인 방법이 중심 역할을 해야 한다고 주장했다.

그가 출판한 《인공두뇌학-동물과 기계에 있어서의 통제와 소통》(1948)이라는 책은 복잡한 수학적 내용에도 불구하고 베스트셀러가 되었고, 피드백, 안정성, 항상성, 예측, 여과 등의 단어가 널리 알려져 일반인들에게도 친숙하게 되었다. 인공두뇌학의 수학적 내용에서 나타난 비선형적인 방법이 널리 보급됨에 따라 위너는 《무작위 이론에서의 비선형적 문제들》(1958)이라는 책을 쓰게 되는데 이런 연구 결과물들과 인공두뇌학의 탄생에 대한 지대한 공헌으로 인해 오늘날 '인공두뇌학의 아버지'로 불리게 되었다.

위너의 인공두뇌에 대한 연구는 국제 과학계에 이 분야에 대한 관심과 인식을 확산시키는 계기가 되었다. 1949년 미국 수학자협회는 연차 회의에서 조슈아 깁스 강연의 연설자로 위너를 선정하였으며, 그는 1950년과 1951년에 걸쳐 풀브라이트 장학금을 받으면서 영국, 스페인, 프랑스, 멕시코 등지에서 인공두뇌에 관한 강연을 했다.

그 이후에도 인도, 일본, 중국을 여행하면서 인체의 기능을 수학적으로 설명하고, 인간과 기계의 상호작용에 관한 연구 결과를 발표하여 각지의 과학자 및 수학자들과 공유했다.

노년에 이르러 위너는 일반인을 대상으로 한 연구를 많이 발표했는데, 〈과학기술 뉴스〉에 두 차례에 걸쳐 게재된 '두뇌'(1952)와 '화장실 청소의 기적'(1952)이라는 논문이 대표적이다. 또 두 번에 나누어 집

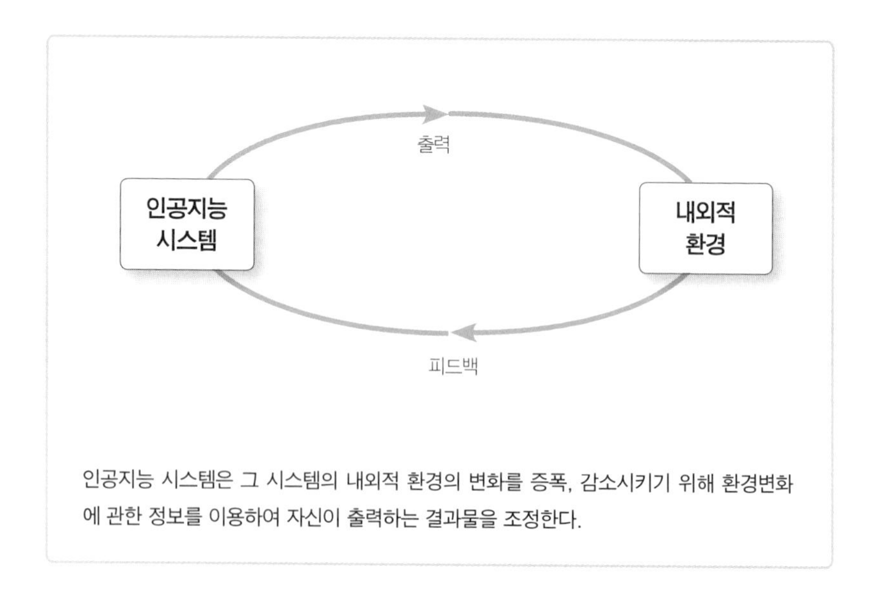

인공지능 시스템은 그 시스템의 내외적 환경의 변화를 증폭, 감소시키기 위해 환경변화에 관한 정보를 이용하여 자신이 출력하는 결과물을 조정한다.

필한 자서전《과거의 신동-나의 유소년시절》(1953)과 3년 후 출판한 《나는 수학자이다-신동의 인생》(1955)을 통해 수학자로서의 자신의 일생과 다른 학자들과의 관계를 반추해 보였다.

1959년 MIT 대학에서 퇴직한 후에는 이상주의적인 과학자의 이야기를 다룬 소설인《악마》(1959)를 집필하여 영화감독 오손 웰스와 함께 영화화하려 했다. 한편'자동화의 도덕적, 기술적 영향(1960)'이라는 논문을 사이언스지에 발표하였고,《신과 얼간이-인공두뇌학이 종교에 미친 영향에 대한 논고》(1964)라는 책을 출판했다.

위너는 린든 존슨 미국 대통령이 국가 과학 훈장을 수여한 두 달 후인 1964년 3월 18일 스웨덴의 스톡홀름에서 심장마비로 사망했다. 그의 죽음에 여러 단체들이 그에게 경의를 표했는데, 미국 수학자협회

(AMS)는 1966년에 수학과 과학의 8개 분야에 미친 위너의 공헌에 관한 특집판을 발간하여 그의 연구 업적을 기렸고, 1967년에는 MIT 대학 수학과와 미국 수학자협회, 응용수학자협회가 공동으로 노버트 위너상을 제정하여 응용수학 분야에 두드러진 공헌을 한 수학자에게 매 3년마다 5,000달러의 상금을 수여하기로 했다. 또한 '사회적 책임을 생각하는 컴퓨터 과학 모임'도 컴퓨터 사용에 대한 사회적 책임의식의 제고를 위해 1987년 '사회적, 직업적 책임에 대한 노버트 위너상'을 제정했다.

인공두뇌학의 아버지

노버트 위너는 긴 연구 인생에 걸쳐 200편이 넘는 책과 논문을 발표함으로써 물리학적인 내용에 적용할 수 있는 수학적 연구 결과를 남겼으며, 특히 브라운 운동에 대한 그의 연구와 위너 측정법의 개발은 확률론과 통계론의 발전을 이끌었다. 또한 조화해석과 타우베르의 법칙의 분야에서 비주기적인 현상에 대한 연구 기법을 개발하였고, 대공화기 통제 시스템과 인간의 뇌파, 인간과 기계의 상호작용에 대한 연구를 통해 '인공두뇌학'이라는 새로운 학문 분야를 개척했다.

physics
mathematics

과학기술에 수학적 기초를 제공

존 폰 노이만

John von Neumann
(1903~1957)

"수학은 사물을 이해하는 것이 아니다.
그저 익숙해질 뿐이다."

– 노이만

과학기술을 위해 수학을 바치다

존폰 노이만은 순수수학자로서의 명성을 쌓은 후 과학기술의 여러 가지 분야에서 주목할 만한 새로운 공헌을 하게 된다. 대표적으로 연구 인생 전반기에는 집합론에서 서수에 관한 신개념을 소개하였고, 노이만 대수학의 이론을 제시했다. 그리고 게임이론을 수학의 정밀한 이론 분야로 개발함과 동시에 양자역학의 새로운 공리적 기초를 제공했다. 연구 인생의 후반기에는 컴퓨터에 대한 설계를 하였고, 게임이론을 경제학에 접목시켰을 뿐 아니라 대수적 분석에 관한 새로운 알고리즘을 개발했다. 노이만은 핵무기 개발에도 참여했는데, 그 이후 '세포 자동자'를 사용하여 생물학적 재생의 새로운 모델을 개발했다.

게임이론 경쟁 주체가 상대편의 대처행동을 고려하면서 자신의 이익을 효과적으로 달성하기 위해 합리적인 수단을 선택하는 행동을 수학적으로 분석하는 이론

집합론의 신연구

야노스 라호스 노이만은 1903년 12월 28일 헝가리의 부다페스트에서 은행가인 막스 노이만과 사업가의 딸인 마그릿 칸의 삼형제 중 맏이로 태어났다. 1913년에 아버지가 귀족 작위를 사면서 가족의 성을 노이만 폰 마그리타로 바꾸게 되는데, 얀시라는 아명을 사용하고 있던 야노스는 영국식 이름인 존 폰 노이만이라 불리게 되었다. 어린 시절 그는 헝가리어 외에도 영어, 독어, 불어, 라틴어, 그리스어를 배웠다. 6살 무렵에는 8자리나 되는 수를 암산할 수 있었는데, 집에 온 손님들 앞에서 전화번호부의 이름과 주소, 전화번호를 외워 보이곤 했다.

노이만은 가정교사의 교육을 받다가 10살이 된 후에 부다페스트의 사립 초·중학교인 루터 신학교에 입학했다. 그런데 노이만이 수학의 정규 교과과정을 모두 마스터했다는 것을 알게 되자 학교에서는 그의 수업을 위해 특별히 부다페스트 대학의 교수를 초빙했다. 그렇게 특별 수학수업을 받으며 17살이 된 노이만은 자신을 가르치던 마이클 페케트 교수와 함께 독일 수학자협회지에 다항함수의 특수한 해에 관한 내용인 '극소다항식에서의 공집합의 위치에 관하여'(1922)라는 논문을 발표했다.

1921년 초·중학교를 졸업한 노이만은 헝가리 부다페스트 대학의 수학과와 독일 베를린 대학의 화학과에 동시에 입학하여 평소에는 베를린 대학의 수업에 출석하고, 학기 말에는 부다페스트 대학에서 학기말 시험을 치르곤 했다. 헝가리의 〈체케트 대학 연구〉지는 50년 전 러시아의 수학자 칸토르가 소개한 서수의 개념에 대한 연구 내용을 발표한 그의 논문 '초월수 입문'(1923)을 실었다. 그 후 베를린에서 2년간의 연구생활을 마친 그는 스위스 취리히에 있는 연방기술 대학으로 옮겨 1925년에 화학공학 학사학위를 받았고, 이듬해에는 '집합론의 공리적 구성'이라는 학위논문으로 부다페스트 대학에서 수학 박사학위를 받았다.

노이만은 1926년~1927년 학기에 록펠러 장학금을 받게 되어 독일의 수학자인 힐베르트와 함께 괴팅겐 대학에서 집합론에 관한 연구를 계속하였고, 1926년에서 1929년에 걸쳐 베를린 대학에서 조교수로 강의를 맡은 후 이듬해에는 함부르크 대학에서 강의했다. 또한 이 기간 동안 그는 수학의 정밀한 공리적 기초를 찾아내기 위한 힐베르트의 연구에 참여했다. 그리고 〈수학 리뷰〉에 실린 '힐베르트의 증명 이론'(1927)이라는 논문을 통해 수학에는 잘 정돈된 하위체계를 가진 많은 논리적 단계를 거쳐 그 결과들을 얻을 수 있음을 보여 주었다.

한편 같은 학술지에 실린 '집합론의 공리화'(1928)는 그의 박사학위 논문을 좀 더 확장한 것이다. 이 연구에서는 공리들의 리스트를 제시하고, 이들 공리로부터 얼마나 많은 집합 이론들이 만들어지는지를 보여 주었다. 하지만 1931년 헝가리 논리학자인 괴델이 수학의 모든 공리적 시스템은 참과 거짓을 판단할 수 없는 명제를 포함한다는 '불확정성의 정리'를 증명함으로써 아쉽게도 힐베르트의 연구가 불가능하다는 결론을 내리게 된다. 노이만도 이 사건과 더불어 집합론에 대한 연구를 중단하는데, 그 전에 실수의 간격을 분해하는 연구와 하르 추정 및 선형위상공간에 대한 연구 결과를 남긴 사실은 눈여겨볼 만하다.

공리 하나의 이론에서 증명 없이 옳다고 하는 명제, 즉 조건 없이 전제된 명제로써 수학에서는 이론의 기초로써 가정한 명제를 말한다.

양자이론에 공헌하다

노이만은 공리체계에 대한 연구를 확장하여 수리 물리학의 한 분야인 양자이론의 새로운 정리들을 수립하는 데 크게 공헌했다. 1927년부터 1929년까지 발표한 논문들을 통해 힐베르트 무한차원 공간에 헤르미트 연산자 기법을 적용하여 양자역학에 있어서의 수학적 기초를 세웠는데, 이것은 양자역학의 파동이론과 소립자이론을 결합한 공리들을 제시한 것이다. 이 주제에 큰 영향을 미친 논문으로는 힐베르트 및 독일의 물리학자 노르다임과 함께 〈수학 연감〉에 발표한 '양자역학의 기초에 관하여'(1927)와 〈물리학 리뷰〉에 발표된 두 편의 논문 '회전 전자의 양자적 분광 성질에 관한 설명에 관하여 - 1, 2편'(1928)및 〈수학 연감〉에 실린 '헤르미트 함수 작용소의 고유값에 관한 일반 이론'(1929) 등을 들 수 있다.

《양자역학의 수학적 기초》(1932)라는 책에서는 양자물리학의 공리적 구성에 대한 요약을 발표했는데, 이 책의 두 단원에 걸쳐 인과관계와 불확정성에 대한 질문들을 분석하고 숨겨진 매개변수들을 소개했다. 이 연구는 관찰의 과정이 현재 연구대상인 현상의 추정치에 어떻게 영향을 받는지 언급함으로써 양자추정이론에 공헌했다. 또한 그가 그해 초 국립과학원 학술지에 발표한 '쿼시-에르고트 가설의 증명'(1932)이라는 논문에서 증명한 바 있는 이바의 통계적 분포에 대한 간략한 에르고트 법칙에 관한 연구를 담고 있다.

양자역학에 관한 그의 책이 출판될 즈음, 수학자로서 국제적인 명성을 얻었고, 미국에서는 일자리를 얻게 되었다. 1929년에 부다페스트 대학의 경제학과 학생이었던 마리에타 쿠에프시와 결혼한 그는 이듬해 뉴저지의 프린스턴 대학의 방문교수로 임명되어 미국으로 이사하였고, 1933년까지 〈수학 편람〉의 공동 편집자로 위촉되었다. 이후 그는 알렉산더, 아인슈타인, 모스, 베블렌 및 웨일 등 6명의 수학자들과 함께 새로 설립된 프린스턴 고등 연구소에 합류했다.

1936년에는 그의 유일한 자식인 마리나가 태어났지만 이듬해 첫 번째 부인과 이혼하게 되었다. 그리고 폴란드 여행 중에 만난 클라라 댄과 재혼했는데, 후에 그녀는 최초의 컴퓨터 프로그래머가 되었다.

게임이론을 연구하다

1930년대 노이만의 연구 분야 중 하나는 경쟁과 협력에 대한 수학적 연구인 '게임이론'이었다. 그는 이미 1920년대에 두 명의 게임 참여자의 선택이 한 사람에게 이익이 될 경우 다른 한 사람에게는 같은 양의 손해로 돌아오게 되는 두 사람의 제로섬zero-sum게임을 연구했다. 그는 〈수학 연감〉에 발표된 논문 '전략게임의 이론에 관하여'(1928)에서 두 사람이 참여하는 모든 제로섬게임에서 손실을 최소화하기 위한 최적화된 전략은 단 하나 존재한다는 것을 증명했다. 또한 1921년 프랑스의 수학자 에밀 보렐의 아이디어를 공식화하여 n명의 게임 참여자가 있을 때의 개념을 제시하면서 게임이론에 대한 정밀한 수학적 기초를 제공했다.

〈수학 세미나 연구〉(1935~1936)에 발표된 '경제적 일반규형 모델과 브루어 고정점 이론의 적용에 관하여'(1937)라는 논문을 통해 경제학 분야의 게임이론에 관한 이론적 개념을 제시했다. 이 논문은 가격-비용, 수요-공급 불균형, 생산물 조합의 동적 분석, 지속적 성장과 같은 경제적 현상들을 수학적으로 설명하는 다양한 양적 기법을 소개하고 있다. 노이만은 위상수학의 브루어 고정점 이론과 기하학의 다른 연구 결과들을 도입하여 매우 일반적인 조건하에서 좋은 전략이 존재한다는 것을 증명했다. 또 수학적 모델을 사용하여 경제 성장률은 경제 내에 존재하는 자본의 양보다는 이자율과 더 관계가 있다는 것을 증명했는데 경제학자들은 경제적 균형과 성장, 자본에 관한 연구에 있어 이 논문의 영향을 이야기할 때 '노이만 혁명'이라고 부를 정도이다.

그는 독일의 경제학자 오스카 모르겐스턴과 함께 《게임과 경제적 행동의 법칙》(1944)을 출판했는데, 이 책에서는 경제이론에 관한 공리적인 기초를 제공했다. 이들은 게임이론의 법칙을 시장 참여자가 다른 참여자와 협력하는 연합, 경쟁이 존재하지 않는 독점의 상황 및 다른 참여자와의 자유교역의 상황 등에 적용했다. 수리 경제학에 관한 이 책은 경제이론의 형태에 관해 국제적으로 큰 영향을 끼치게 된다.

노이만은 게임이론에 대해 꾸준한 관심을 가졌고, 연구인생 전반에 걸쳐 게임이론의 다양한 주제에 관해 논문을 발표했다. 〈게임이론 제1권〉(1953)에서는 두 장에 대한 공동 집필을 맡아 '미분방정식에 의한 게임의 해'라는 주제로 미국의 수학자 조지 브라운과 함께 별개의 게임이론을 푸는 데 있어서 연속적인 분석 기법을 사용했다. 또한 박사학위과정에 있는 도널드 가일스, 존 메이베리와 함께 쓴 '두 개의 다른 포커게임'이라는 장에서는 기회와 전략이 결합된 상황에 대한 게임이론의 적용 가능성을 보여 주었다. 또한 〈해군 병참연구〉에 발표된 '최적 전략 결정을 위한 수치적 방법'(1954)에서는 게임이론을 군사적 분야에 적용하기 위해 컴퓨터를 사용한 방법을 소개했다.

작용소이론으로 이룬 업적

출간된 노이만의 연구 결과물 중 30%는 '작용소이론'이라고 알려진 대수학 분야의 내용을 다루고 있다. 그런데 양자역학에 관한 연구에서는 유한 작용소와 무한 작용소이론의 재구성에까지 이르게 되는 힐베르트의 무한차원 공간에 대한 연구를 위해 새로운 개념을 소개하고 있다. 〈순수수학 및 응용수학〉에 발표된 '무한행렬이론'(1929) 및 〈수학연감〉에 실린 '함수작용소의 기능'(1931)이라는 두 편의 논문은 노이만이 벡터에 관계된 함수의 특징을 연구한 것이다. 또한 '함수작용소의 대수학 및 작용소이론'(1929)이라는 논문을 통해 후에 노이만 대수로 알려진 순환작용소의 개념을 소개하였고, 미국의 수학자 프란시스 머레이와 함께 '순환작용소 1, 2, 3, 4권'(1936~1943)을 발표했다. 이 논문들은 노이만 대수를 인수(factor)라고 알려진 기본구조의 합으로 분해하는 방법과 이를 다시 5개의 서로 다른 형식으로 분류하는 방법을 설명하고 있다. 함수를 연구하는 수학자들은 예측 불가능한 특징들에 대한 명쾌한 해답을 제시한 이 논문에 지금도 감탄하고 있다.

핵무기와 핵에너지 개발에 참여하다

미국이 제2차 세계대전에 참전할 준비를 하고 있던 1940년대 초반, 노이만은 순수수학에서 응용수학으로 관심을 돌렸다. 1937년에 미국으로 귀화해 시민권을 얻은 후 군과 정부조직의 자문 역할을 많이 하였는데, 1940년부터 1957년까지는 메릴랜드의 탄도 연구소의 과학 자문위원회의 위원으로 활동하였고, 1943년부터 1955년까지는 워싱턴의 해군 함포 개발실에서 일했으며, 1947년부터 1955년까지는 메릴랜드의 해군 함포 연구소의 자문위원이 되었다. 이 세 기관에서 초기에 맡은 임무는 대공포의 각도, 화약의 장전량, 풍속, 공기압과 다른 많은 변수들에 기초하여 대포의 사거리를 계산하는 것이었다. 나중에는 군사적인 문제들을 해결하는 컴퓨터 하드웨어를 설계하고 수학적인 기법을 개발하는 데 참여했다.

1943년 노이만은 미국 정부가 맨해튼 계획의 하나인 원자폭탄을 개발하기 위해 수많은 과학자들이 모여 있는 로스 알라모스 과학연구소의 자문위원이 되었다. 여기에서 구면기하학을 이용하여 핵물질이 분열하는 데 필요한 충격을 분석하는 작업을 하였는데, 초기의 컴퓨터 시스템을 이용하여 이 폭발이 만들어내는 충격파와 그 충격파의 감소량을 유체역학적으로 분석하는 프로그램을 고안하고 실행했다. 그는 이 연구 결과를 '폭발파동이론'(1942), '지하폭발에 의해 발생하는 수면의 파동'(1943) 및 '충격파의 굴절, 간섭 및 반사'(1945)와 같은 내부보고서로 작성했다. 1946년 7월 히로시마와 나가사키에 원자폭탄이 떨어진 후에는 태평양 마샬 군도의 비키니 섬에서 이 핵실험을 관찰하는 과학자 중의 한 사람으로 참여했다. 그리고 그 이듬해 군사 분야에서의 연구업적으로 대통령 훈장과 해군 공로 훈장을 수여받게 된다.

그 후 5년 동안 노이만은 핵융합에 기초한 새로운 개념의 폭탄을 개발하는 데 핵심적인 역할을 했다. 1946년 6월에 작성된 내부 기술보고

서인 '로스 알라모스 과학연구소 보고서 LA-575'에서 헝가리의 과학자 에드워드 텔러와 함께 최초의 원자폭탄보다 1000배 강력한 새로운 폭탄을 개발할 것을 제안했다.

그리고 미군 특수무기 개발팀, 미국 공군의 과학자문위원회, 원자력에너지위원회의 자문위원, 로스 알라모스 과학연구소의 자문 역할 등을 두루 거치면서 1952년 11월에 있었던 최초의 수소폭탄 실험으로 이어진 과학적, 정치적 작업에도 참여했다.

그가 원자력 개발에 관여한 것은 이뿐만이 아니다. 폰 노이만 위원회라고 알려진 유도탄 자문위원회의 의장으로 활동하면서 핵폭탄을 목적지까지 실어 나르기 위한 장거리 미사일의 개발을 지원했고, 오크리치 국립연구소의 자문위원이자 원자력에너지의 사용에 대한 기술자문위원이었으며, 나중에는 원자력에너지위원회의 위원으로서 원자력 에너지의 평화적 이용을 위한 연구 작업을 수행했다.

그는 1955년부터 새롭게 전개되는 원자력 시대에 대한 자신의 생각을 3편의 논문으로 발표했는데 '우리는 기술의 시대에 살아남을 수 있는가', '핵전쟁에서의 방어개념' 및 '물리학과 화학에 미친 원자력 에너지의 영향' 등이 그것이다. 그는 핵무기와 원자력에너지의 발전에 대한 연구로 1956년에 자유의 메달 훈장과 알버트 아인슈타인 기념상 및 엔리코 페르미상을 수상했다.

컴퓨터 설계 및 수리 해석

노이만은 1940년대와 1950년대에 걸쳐 컴퓨터 하드웨어를 설계하고, 컴퓨터 프로그램을 사용하여 문제를 해결하도록 하는 수리적 알고리즘을 개발하는 데 크게 이바지했다. 1944년에 컴퓨터의 선구자인 애커트, 모클리를 포함한 펜실베이니아 대학 무어스쿨의 연구자들과 함께 제1세대 디지털 컴퓨터인 ENIAC을 개발했다. 또한 애커트, 모클리와 함께 여러 가지 혁명적인 디자인 개념을 도입한 EDVAC의 개발을 계획했다.

1945년에는 'EDVAC에 대한 보고서'를 써서 이 새로운 컴퓨터의 구성과 기능을 소개했는데, 명령프로그램을 컴퓨터 저장장치에 전자적으로 저장하여 컴퓨터가 사람의 개입 없이 프로그램의 명령을 수행하도록 하는 개념을 알렸다. 재미있는 것은 이 개념들의 대부분은 애커트와 모클리가 생각해냈지만, 이 보고서에 제시된 컴퓨터의 구조적 내용은 '폰 노이만 설계'라고 알려져 있다는 사실이다. 이 설계는 주기억장치, 계산, 논리적 통제, 입력장치, 출력장치라는 다섯 개의 분리된 부분으로 이루어져 있는데, '프로그램의 저장'이라는 개념과 함께 대부분의 컴퓨터에 사용되는 기본적 설계가 되었다. 노이만과 미국의 수학자이자 컴퓨터 과학자인 헤르만 골드슈타인은 이 설계의 개념을 더 깊이 연구하여 그 내용을 '대용량 컴퓨터의 원리'(1946)라는 논문에 수록했다.

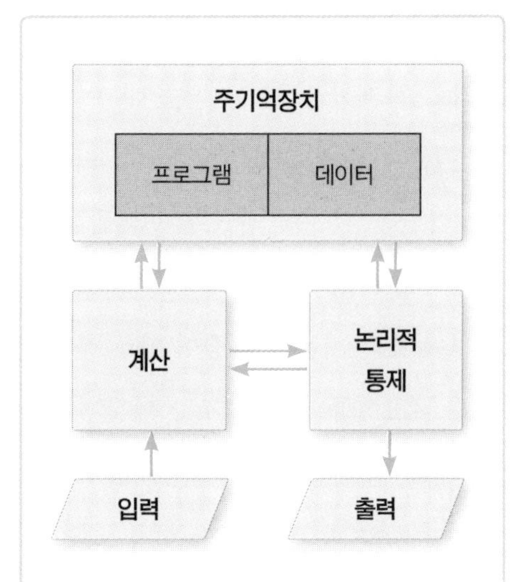

대부분의 비병렬 컴퓨터는 프로그램과 데이터가 저장되는 주기억장치, 계산, 논리적 통제, 입력과 출력을 담당하는 서로 분리된 5개의 부분으로 구성된 폰 노이만 설계의 개념을 따르고 있다.

노이만은 1945년 말에 애커트와 모클리와의 연구를 중단하고 고등연구원(IAS)에서 컴퓨터를 개발하는 연구를 시작했다. 1952년에 완성된 IAS컴퓨터는 완벽하게 노이만 설계의 개념을 도입하여 만들어졌으며, 여러 가지 과학연구에 사용되었다. 그는 국립고속컴퓨터연구위원회의 의장으로 활동하면서 컴퓨터 설계의 세부적인 내용을 자유롭게 공유했다. 1952년부터 1955년 사이에 전 세계의 17개 연구소에서 IAS컴퓨터의 복제판을 만들어냈는데, 이중에는 노이만의 이름을 따서 만들어진 RAND사의 JOHNNIAC 컴퓨터도 포함되어 있다.

노이만은 컴퓨터 하드웨어 개발을 위한 선구적인 연구와 함께 컴퓨터에서 수치해석을 하기 위한 새로운 알고리즘을 개발했는데, 이는 배열된 정보의 처음과 나중이 따로 분리된 후 다시 통합되는 형태의 통합분류 알고리즘이었다. 그는 이를 이용해 컴퓨터에서 함수의 고유값과 초월값을 구하는 방법, 역행렬을 구하는 방법 및 비선형 편미분방정식의 해를 찾는 방법을 고안했다. 또한 컴퓨터에서 얻어지는 해들이 반올림을 하거나 추정기법을 사용하게 되면 오차가 발생하기 때문에 정확한 값을 알아내기 위한 원리를 고안해 냈다.

이런 수치적 기법에 대한 노이만의 연구는 무작위적인 통계적 샘플들을 이용하는 알고리즘인 몬테카를로 방법의 발전에 큰 도움을 주었다. 1949년 몬테카를로 방법에 대한 심포지엄에서 제곱을 이용해 의사난수를 얻는 '의사 난수와 관련된 다양한 기법의 사용'이라는 논문을 발표했는데, 이 방법은 입력되는 각 숫자를 제곱하여 그 결과들 중 8자리 숫자를 선별하여 그 수열의 다음에 입력되는 정보로 사용함으로써 8자리 숫자의 수열을 얻어내는 방법이다.

1950년 〈계산에 적용되는 수학적 방법들〉에 실린 논문 'ENIAC에서 계산되는 e와 π의 최초 2,000개 십진수의 통계적 값'에서 노이만과 미국 수학자인 메트로폴리스, 미국의 컴퓨터 과학자인 라이트비지너는 자신들이 찾은 π의 자릿수는 무작위적인 분포를 보이지만 e의 자릿수는 무작위적인 패턴에서 벗어났음을 보여 주었다. 또한 노이만과 미국 수학자 터커만은 논문 '$2^{\frac{1}{3}}$에서 확장된 연분수'(1955)에서 $\sqrt[3]{2}$ 의 2,000개에 달하는 부분몫을 구하고 그 결과의 무작위성을 분석하기 위한 연분수 기법 컴퓨터 프로그램을 발표했다. 그의 이런 수치해석에 대한 연구는 다른 연구자들이 난수에 대해 실험적이면서 논리적인 연구를 할 때 컴퓨터를 이용하도록 만들었고, 몬테카를로 알고리즘을 좀 더 폭넓게 사용하게 했다.

자기복제하는 자동자

노이만은 컴퓨터 하드웨어의 설계를 연구하면서 생명체의 정보전달과 처리과정의 방법에 대한 연구도 함께 진행했다. 그의 연구는 반복되는 흐름 속에서 사전에 이미 결정된 규칙에 따라 이웃 세포에 의해 결정되는 세포들의 집합인 세포 '자동자'에서 출발했다. 연구가 진행되면서 1946년에는 자기복제가 가능한 자동자를 개발하였고, 나중에는 복제가 거듭될수록 좀 더 복잡해지는 자동자들을 실험하게 되었다. 공식적으로 공표되지 않은 이 프로젝트는 노이만이 구조에 대한 정보와 자기복제에 대한 정보를 모두 암호화할 수 있는 자동자를 발견했을 때 그 정점에 달했다. 그리고 이런 자동자이론을 이용하여 신뢰할 수 없는 부품들을 모아 만든 기계를 신뢰할 수 있는 성능을 가지도록 설계하게 되었다.

자동자에 대한 노이만의 최초의 글은 논문집 〈행동에 대한 뇌의 메커

니즘〉에 실린 '논리적이고 일반적인 자동자이론'(1951)이었다. 이 논문은 1948년 캘리포니아의 파사데나에서 있었던 힉슨 심포지엄에서 한 강연 원고를 정리한 것이다. 1957년 그가 사망한 이후 자동자이론에 대한 두 편의 미완성 논문이 발표되는 데, 1956년 예일 대학의 실리만 강연회에서 인간의 두뇌와 디지털 컴퓨터 간의 유사성에 대해 강연한 내용인 '컴퓨터와 인간두뇌'(1958)와 동료인 아서 벅스가 자동자이론에 대한 노이만의 원고 초안을 완성하여 우주의 기본물질에 대한 개념을 담아낸 '자기복제하는 자동자이론'(1966)이 그것이다.

노이만은 연구경력 전반에 걸쳐 다양한 분야의 업적으로 많은 상을 받았다. 〈미국 수학자협회지〉에 두 부분으로 나뉘어 실린 논문 '주기함수와 군'(1934~1935)으로 1938년 미국 수학자협회(AMS)로부터 보쉐르상을 수상했다. 또한 AMS는 1937년과 1944년에 연차총회의 대표 강연자로 노이만을 선정하였고, 1951년부터 1952년까지는 AMS의 회장으로 추대했다. 그리고 이탈리아, 페루, 네덜란드, 미국 등 7개의 국가 과학원에서 그를 회원으로 초빙했다.

평생 활발한 활동을 펼친 노이만은 1957년 2월 8일 병상에서 2년 동안 암과의 싸움 끝에 53세를 일기로 워싱턴에서 사망했다.

그가 세상을 떠난 후 여러 기관에서 경영과학과 컴퓨터 기술에 대한 그의 공헌을 영원히 기리기 위해 상을 제정했다. 조직운영 및 경영과학 연구소에서는 조직운영의 연구와 경영과학에 대해 중요한 공헌을 한 사람에게 매년 수여하는 '존 폰 노이만 이론상'을 제정하였고, 1990년에는 전기전자기술자협회가 컴퓨터 기술의 분야에서 돋보이는 업적을 남긴 사람에게 수여하는 '존 폰 노이만 메달'을 제정하였으며, 2005년 미국 체신청에서는 영향력 있는 미국 과학자로 노이만을 선정하여 기념우표를 발행했다.

20세기를 빛낸 수학자

현대사회는 지식 전문화 시대이다. 그러나 노이만은 수학과 과학, 기술 등의 많은 분야에 걸쳐 중요하고 기본적인 개념들을 개발하는 데 큰 공헌을 했다. 물리학자들은 양자역학의 공리적 기초를 확립한 것으로 그의 공로를 기리고 있고, 경제학자들은 사회과학적 분야에 게임이론을 접목시킨 업적을 높이 평가하고 있으며, 컴퓨터 기술 분야에서는 디지털 컴퓨터의 설계 분야에서 노이만 설계를 빛나는 업적으로 평가하고 있다.

군대의 지도자들은 원자폭탄과 핵폭탄의 개발에 관한 그의 공헌을 오래도록 기억하고 있으며, 생물학 연구자들은 자기복제가 가능한 자동자이론에 관한 그의 개념들을 계속 발전시키고 있다. 그리고 수학에서는 노이만 대수학이 작용소이론에 지속적인 영향을 미치고 있다. 이렇게 그가 평생에 걸쳐 이룩한 연구 결과가 너무나 많은 분야에 영향을 미쳤기 때문에 존 폰 노이만은 20세기에 가장 유명한 수학자로 사람들에게 기억되고 있다.

2345-8574,5967-1258-55,777-25864,54241-330
9968-45001,32-548-1256,123-3214,009-54789
7856-98124,5470-21210,4596-125786,45-5468
658-6584,258-65487,15-159-15,0125-254867

최초로 컴파일러 프로그램을 개발한

그레이스 머레이 호퍼

Grace Murray Hopper
(1906~1992)

"배는 항구에 머물 때 가장 안전하다.
하지만 그것은 배가 세상에 존재하는 이유가 아니다."

– 호퍼.

MARK I 컴퓨터의 최초 프로그래머

그레이스 머레이 호퍼는 대학의 교수직도 마다하고 자신이 진정 좋아하는 일에 열정적으로 매달린 결과 MARK I 컴퓨터의 최초 프로그래머가 되었다. 그녀는 저장된 루틴들로부터 끄집어낸 코드들을 컴퓨터가 스스로 결합하게 하는 최초의 컴파일러 프로그램을 탄생시켰고, 영어를 명령어로 사용하는 FLOW-MATIC 소프트웨어를 개발하여 프로그래밍 언어인 COBOL에 기초 개념을 제공했다.

또한 미 해군 연구소에서 활발한 연구를 하고 그 결과물을 출판하였으며, 각종 학술회의의 참석을 통해 자동 정보처리를 위한 소프트웨어를 개발하고 표준화하는 데 큰 영향을 주었다. 마지막으로 빼놓을 수 없는 그녀의 업적 중 하나는 컴퓨터 프로그램에 대한 용어인 'bug'와 'debugging'이라는 용어를 대중화시켰다는 것이다.

호기심 많은 소녀

그레이스 호퍼는 1906년 12월 9일 뉴욕에서 보험중개인인 월터 플래처 호퍼와 토목기술자의 딸인 메리 반 혼의 장녀로 태어났다. 어린 시절 호기심이 많았던 호퍼는 철제 건축 놀이기구를 이용하여 건물 만드는 것을 좋아했으며, 내부구조를 알아보기 위해 7개의 자명종 시계를 분해하기도 했다. 호퍼의 이런 성격은 수학을 좋아하는 어머니와 자부심이 강한 아버지로부터 물려받았다.

그레이스의 부모님은 늘 자녀들에게 최대한 좋은 교육의 기회를 주려 했다. 그 덕분에 그녀는 뉴욕의 사립여학교인 그레이엄 스쿨과 슈메이커 스쿨을 졸업한 후 뉴저지의 하트리지 스쿨에서 대학 입학을 위한 1년간의 준비과정을 마칠 수 있었다. 학창시절의 호퍼는 수학과 과학

을 늘 손에 놓지 않는 학구파였지만 스포츠와 음악, 연극 등을 즐기는 낭만적인 소녀이기도 했다.

1924년 뉴욕의 바사르 대학에 입학하여 수학과 물리학을 전공과목으로 선택했다. 하지만 그 외에도 식물학, 생리학, 지질학, 경영학, 경제학 강의에 청강생으로 참여하였고, 학생들에게 물리학을 가르치기도 했다. 4학년 때에는 미국 최고 엘리트들의 사교모임인 PBK(파이 베타 카바 클럽)에서 활동하는 등 다양한 분야에 적극적으로 참여했다. 열심히 공부한 호퍼는 4년 후 수학과 물리학의 학사학위와 함께 바사르 장학금을 받았으며, 예일 대학에서 공부할 수 있는 기회까지 얻게 되었다. 그리고 이곳에서 수학 석사학위를 받을 무렵에는 뉴욕 대학의 교수였던 빈센트 호퍼와 결혼하게 된다.

1931년에 그레이스 호퍼는 바사르 대학에서 연봉 800달러의 수학 강사로 일하면서 대수학과 기하학, 삼각법, 미적분학, 확률론, 통계학, 해석학 및 기계제도 등을 강의했다. 동시에 예일 대학 박사과정을 계속 공부하여 1934년에 드디어 수학 박사학위를 받게 된다. 박사학위 논문으로는 오르 교수의 지도하에 '약분이 불가능한 기준의 여러 가지 유형'을 제출했는데, 이 논문으로 국제 과학연구자 단체인 Sigma Xi의 회원이 되었을 뿐 아니라 강사에서 조교수로 승진하게 되었다.

바사르 대학에서 10년 동안 학생들을 가르친 호퍼는 1941년에 바사르 대학의 장학금 지원을 받아 뉴욕 대학의 꾸랑 연구소에서 연구생활을 시작하게 되었다.

1943년 미국이 제2차 세계대전에 참전하자 호퍼는 미국 해군에 자원입대했다. 하지만 해군은 36세나 되는 많은 나이와 165㎝의 키에 47㎏밖에 안 나가는 호퍼에게 체중 미달을 이유로 입대를 허가하지 않았다. 그 대신에 해군은 수학 교수로서의 연구 업적이 전쟁에 큰 도움이 될 것으로 판단하고 계속 연구에 매진할 것을 권유했다. 하지만 호퍼는 해군 입대의 꿈을 버리지 않고, 바사르 대학의 교수직을 사임한 후 끝내 미 해군부대 중 하나인 WAVES로 입대했다.

1944년 6월 말 그녀는 매사추세츠에 있는 미 해군 여군학교를 수석으로 졸업하고 해군 중위로 임관되어 5일 후 바로 하버드 대학에 설치된 컴퓨터 연구소에서의 임무를 수행하게 된다. 당시 이 연구소는 해군 중령이자 하버드 대학의 수학 및 물리학 교수인 하워드 아이켄이 지휘하고 있었다.

아이켄은 이미 7년 전에 전자계산기 설계를 제안했고, 1939년부터 1943년까지 대학과 IBM 연구원, 기술자들을 모아 뉴욕에 있는 IBM 연구소에서 ASCC라는 이름의 컴퓨터 제작 연구를 진행해왔다. IBM은 컴퓨터의 성능시험이 끝나자 하버드 대학에 기증했고, 전쟁 중에는 미 해군에 임대하여 임무 수행에 사용됐다.

이 컴퓨터는 미국이 제작한 최초의 대용량 전자컴퓨터로 'Mark I 컴퓨터'라 불렸다. 규모 또한 엄청났는데 가로, 세로, 높이가 각각 2.4m, 15.3m, 2.4m이고, 무게는 무려 5톤에 달하며 75만개의 부품과 848㎞

나 되는 전선이 사용되었다. 그리고 3300개의 전자 계전기를 사용하여 23자리 숫자를 1초에 3번 덧셈하는 성능을 갖고 있었다.

연구소에서의 호퍼의 첫 번째 임무는 이 컴퓨터로 로켓의 궤적을 계산하는 프로그램을 만드는 것이었으며, 이런 알고리즘과 공식들을 만들어낸 다음에는 0과 1이라는 이진수로 표현된 컴퓨터 명령어로 변환했다. 그녀가 개발하고 실행한 프로그램은 포의 발사각도와 화약 장전량, 풍속과 공기압이라는 다양한 변수들에 따라 달라지는 대포의 발사거리를 계산하는 데 이용되었다. 또한 수중 기뢰 제거기가 기뢰를 탐지하여 제거할 수 있는 면적을 계산하는 프로그램도 개발했다.

호퍼와 아이켄을 비롯한 해군의 전문가들은 철판의 장력이나 전자파의 확산범위를 계산하고, 원자폭탄의 폭발로 일어나는 충격파의 시뮬레이션을 작성하는 등 여러 가지 군사적 목적을 위해 Mark I 컴퓨터를 24시간 가동시켰다.

호퍼는 아이켄의 연구소에서 일한 첫 해에 561쪽에 이르는 Mark I 컴퓨터의 매뉴얼을 만들었는데, 다양한 임무를 수행하기 위해 만들어진 프로그램 샘플과 이 컴퓨터의 각 부품, 회로의 역할에 대한 설명을 담고 있다. 이 〈전자계산기의 운용 매뉴얼〉(1946)은 〈하버드 대학 컴퓨터 연구소 연감〉의 35권 중 첫 번째 책이 되었다.

호퍼는 컴퓨터 연구원들이 늘어나면서 컴퓨터에 대한 모든 프로그래밍 작업을 감독하고, 새로운 프로그래머들을 교육하는 임무를 맡게 되었다. 컴퓨터 언어를 0과 1로 이루어진 부호로 입력하는 프로그래머들은 컴퓨터 하드웨어에 대해 기본적인 지식만 알면 되기 때문에 호퍼는 컴퓨터의 내부 작동 흐름을 보여주는 회로도와 함께 전자 계전기들에 대한 시간적인 흐름표를 작성했다. 그리고 나중에 다른 프로그램을 작성할 때 이용할 수 있도록 제곱근의 계산, 삼각함수의 값들을 노트에 모두 기록하였고, 다른 프로그래머들에게도 이런 노트를 만들도록 했다. 그럼으로써 노트의 내용을 서로 공유하여 부호 제작에서 발생하는 오류와 불필요한 작업을 줄이고자 노력했다.

그녀는 컴퓨터 연구원들과 함께 MarkⅠ 컴퓨터를 프로그래밍하고 운용하면서 이 컴퓨터를 개량한 MarkⅡ 컴퓨터를 제작했는데, 1945년 중반부터 가동되기 시작한 이 새로운 컴퓨터는 Mark Ⅰ컴퓨터에 비해 다섯 배나 빠른 계산 속도를 갖고 있었다. 1945년 9월 9일 Mark Ⅱ 컴퓨터가 고장이 나서 갑자기 작동을 멈추었다. 그 원인을 찾던 호퍼는 컴퓨터 내부의 17,000개에 이르는 계전기 중 단 두 개의 틈새에 나방 한 마리가 끼여 있는 것을 발견했다. 그리고 나방을 핀셋으로 제거한 후 노트에다 붙이고 이렇게 기록을 남겼다.'컴퓨터를 debugging했다.' 이 사건은 유명한 해프닝으로 기록된다.

이 용어는 후에 컴퓨터의 명령어가 논리적 혹은 문법적으로 오류가 생겼을 때 수정하는 과정이라는 뜻을 가지게 된다. 이렇듯 Mark 시리즈 컴퓨터에 대한 그녀의 연구 공로가 커지자 입대를 말렸던 미 해군은 훈장을 수여하기에 이르렀다.

전쟁이 끝난 후 호퍼는 해군 연구직에 합류했다. 그리고 3년간 장학금을 받으며 하버드 대학 아이켄 컴퓨터연구소의 민간연구원으로 시스템 엔지니어링 분야에 종사했다. 호퍼는 아이켄과 함께 논문 '전자계산기 1, 2, 3'(1946)을 썼는데, 이 논문의 1편에서는 Mark I 컴퓨터의 메커니즘과 덧셈과 뺄셈을 수행하는 과정을, 2편에서는 곱셈과 나눗셈의 수행과정을, 그리고 3편에서는 컴퓨터에 투입되는 천공테이프를 준비하는 방법에 관해 설명하고 있다.

호퍼와 아이켄은 빠르게 성장하는 컴퓨터업계가 활발한 토론의 장을 가졌으면 하는 마음으로 컴퓨터 국제학술회의를 최초로 조직했다. 그리고 1947년 1월 하버드 대학에서 '대용량 컴퓨터에 관한 심포지엄'을 열었는데 여러 나라의 연구소와 대학, 기업, 정부에서 300명이 넘는 청중이 구름같이 모여들었다. 2년 후 열린 두 번째 학술회의에는 세계 각국에서 더 많은 청중들이 참여했다. 호퍼는 일생 동안 이와 같은 학술회의를 끊임없이 개최하고 참여함으로써 다른 연구자들과 의견을 교환하고 협력연구를 할 수 있었다.

컴퓨터 연구소에서의 호퍼의 주된 논문은 어떤 것일까? 물론 핵물리학, 전자파 공학, 광학 및 천문학과 같은 분야에 군사적, 과학적, 상업적 목적으로 사용되는 코드를 만드는 새로운 민간인 프로그래머들을 지도하는 내용과 전자와 레이더에 적용되는 베셀 함수의 값을 계산하는 내용을 담은 미 공군과의 계약 14권도 포함되어 있다. 뿐만 아니라 동료들과 함께 푸르덴셜 생명보험 회사의 의뢰를 받아 보험료와 배당, 대출금에 대한 이자를 계산하고 이를 고객들의 청구서에 프린트해 낼 수 있는 최초의 상업적인 정보처리 프로그램을 개발했다. 당시 컴퓨터 업계의 종사자 대부분은 컴퓨터가 상업적으로 광범위하게 사용된다는 호퍼의 주장에 반신반의 하였으나 이 프로그램의 성공적인 개발로 인해 태도가 달라졌다.

1946년부터 1948년까지 컴퓨터 연구원들은 MarkⅢ라고 이름 붙인 세 번째 컴퓨터를 설계, 제작했다. 이 컴퓨터는 계전기 대신 진공관을 사용하여 Mark Ⅰ보다 50배나 빠른 속도로 계산했다. Mark Ⅲ가 기존의 컴퓨터와 다른 점은 천공된 종이테이프 대신 금속코팅 종이로 만들어진 자기테이프를 사용하여 프로그램과 정보를 컴퓨터에 투입한 것이다. 1948년 8월 호퍼와 동료 프로그래머들은 이 컴퓨터로 다양한 프로그램을 테스트하는 데 성공한 후 미 공군에 제공했다.

컴퓨터 언어를 창조하다

1949년 호퍼는 에커트 모클리 컴퓨터 회사(EMCC)의 수석 수학 연구원으로 채용되었고, 이 회사가 레밍턴 란트에게 매각된 뒤 스페리사에 합병된 후에도 거의 18년 동안 몸담고 있었다. 컴퓨터의 선구자라 할 수 있는 존 모클리와 프레스퍼 에커트는 펜실베이니아 대학의 무어스쿨에서 ENIAC의 개발을 주도했다. 그리고 그들은 무어스쿨을 떠나 1947년에 EMCC를 설립하게 되었고, 그 첫 번째 프로젝트로 노드롭 항공사를 위해 새로운 컴퓨터인 BINAC를 만들었다. 호퍼는 기존 컴퓨터에서 사용한 이진법보다 좀 더 발달된 형태인 팔진법 프로그램을 이 컴퓨터에 적용했다. 그리하여 1951년에 레밍턴 란트는 최초로 대량 생산되는 상업용 컴퓨터인 UNIVAC를 출시하기에 이른다. 진공관과 자기테이프 및 메모리 장치를 사용한 UNIVAC은 Mark Ⅰ컴퓨터에 비해

1,000배나 빠른 속도를 가지고 있었고, 수치적인 자료뿐 아니라 문자로 입력되는 자료도 처리할 수 있었다.

호퍼는 UNIVAC 컴퓨터에 사용되는 프로그래밍 기술을 연구하면서 컴퓨터 스스로가 좀 더 작은 코드들을 결합하여 프로그램을 만들 수 있게 하는 컴파일러 프로그램의 개념을 개발하는 데 결정적인 역할을 했다. 그녀는 컴퓨터가 특정 기능을 수행하도록 명령하는 코드인 서브루틴의 리스트를 컴퓨터의 메모리 안에 저장한 후 각 서브루틴마다 세 글자로 된 연상기호를 부여했다. 이런 방식으로 프로그램 안에 투입되는 코드화된 명령어가 지정하는 서브루틴들이 자동적으로 결합되고 연산될 수 있는 'A−0'라고 알려진 최초의 컴파일러 프로그램을 탄생시켰다. 그리고 1952년 피츠버그의 멜론 연구소에서 개최된 학술회의에서 '컴퓨터의 교육'이라는 논문을 통해 컴파일러 프로그램에 대한 자신의 생각을 발표했다. 하지만 컴퓨터 업계에서는 컴퓨터 스스로가 자기 자신을 프로그래밍할 수 있게 가르친다는 호퍼의 혁명적인 생각을 받아들이지 못했다. 그럼에도 불구하고, 호퍼는 UNIVAC 사업부의 프로그램 개발 이사가 되어 새로운 컴파일러를 개발하고 이를 대중화시키는 데 열정을 쏟았다.

그녀는 스스로 주최자가 되어 자동컴퓨터에 관한 세미나를 개최했고 〈컴퓨터와 자동화〉에 실린 '컴파일링 루틴'(1953)에서 컴파일러 프로그램의 원리를 설명했다. 같은 해 모클리와 함께 〈전자파 연구소〉지에는 '컴퓨터 설계에 있어 프로그래밍 기술의 영향'도 실었다. 한편 그녀는 듀폰사와 미국 통계청의 해군 및 공군을 설득하여 자신이 개발해 낸 상업용 컴파일러 프로그램인 'A-2'를 채택하게 했다.

이런 호퍼의 노력이 결실을 맺은 것은 1956년 UNIVAC이 호퍼의 두 번째 컴파일러 프로그램인 MATH-MAGIC을 소개할 때였다. 드디어 컴퓨터 산업계가 그녀의 생각을 받아들이게 된것이다. IBM의 FORTRAN과의 경쟁을 위해 설계된 MATH-MAGIC은 프로그래머들이 영어단어와 수학기호들을 포함하는 명령어를 사용하여 학술적인 목적의 프로그램으로 설계되었다. 호퍼는 이 컴파일러 프로그램인 'A-'시리즈의 개발과 함께 상업적인 목적의 정보처리를 위한 'B-'시리즈의 컴파일러 프로그램들도 함께 만들었다. 비록 상관들이 상업적 목적의 영어 컴파일러 프로그램 개발에 관한 그녀의 제안을 거부했지만, 그녀는 이 프로젝트에 대한 연구를 계속 진행했다. 그리고 1955년 1월에 '정보처리 컴파일러 프로그램의 기본적인 정의'라는 내부보고서를 작성하여 'Input, Compare, Go To, Transfer, If Greater, Jump, Rewind 및 Output'을 명령어로 사용하는 컴파일러 프로그램을 소개했고, 보다 더 다양한 활용범위를 보여주기 위해 독일어와 불어로도 실행했다. 이 프로그램 개발이 성공을 거두자 스페리 랜드사는 상업화를 위해 자금을 내놓는다.

1956년 말에 이르러 그녀가 개발한 'B-0'또는 'FLOW-MATIC'라는 이 컴파일러 프로그램은 컴퓨터로 하여금 20개의 영어단어와 문장을 인식하게 하였고, 그 결과 U.S. Steel, 웨스틴 하우스, 듀폰, 록히드사 등에서 청구서 작성이나 급여 지급, 재고 정리 등의 목적으로 사용되었다. 호퍼와 동료들은 이 소프트웨어를 사용하는 프로그래머들을 교육시키기 위해 방문했고, 2주간의 교육기간을 거친 후에 프로그래밍과 디버깅[debugging]에 소요되는 시간을 크게 줄일 수 있었다.

1957년 IBM사가 COMTRAN을 개발하고 하니웰이 FACT를 소개하자 호퍼를 비롯한 컴퓨터 산업계의 지도자들은 어떤 회사에서 만든 컴퓨터라도 작동 가능하게끔 표준화된 컴퓨터언어의 개발이 필요하다는 것을 인식하게 되었다. 그리하여 1959년 워싱턴의 국방성 회의에서 기업, 정부 및 대학의 지도자들은 표준화된 정보처리언어의 개발을 위해 협력할 것을 합의했다. 이들은 이 방대한 작업을 수행하기 위해 공군대령 찰스 필립의 지도하에 CODASYL이라는 실행위원회를 조직했다. 호퍼는 CODASYL의 특별자문관이 되어 이 작업의 연구를 위한 개념을 만들어내는 데 큰 영향을 주었다.

1960년, CODASYL은 COBOL 언어의 첫 번째 버전을 개발했다. 이 위원회의 많은 멤버들이 이미 UNIVAC 사용자였기 때문에 호퍼의 FLOW-MATIC 컴파일러 프로그램의 디자인 개념의 많은 부분을 새로운 COBOL 언어에도 채택했다. 그래서 호퍼와 UNIVAC의 동료 프로그래머들은 COBOL 언어를 자신들의 컴퓨터에서 실행하기 위한 연구를 진행하게 되었다.

1960년 12월 6일 UNIVAC과 RCA는 자신들이 COBOL 언어의 상업적 버전을 개발했음을 공식적으로 선언했는데 같은 날 호퍼와 동료들도 UNIVAC Ⅱ 컴퓨터에서 COBOL 프로그램의 실행 테스트에 성공했다. 다음 날 역시 같은 프로그램이 RCA501 컴퓨터에서도 성공적으로 실행되었다. 이것은 곧 표준화된 프로그래밍 언어가 개발되었으며, 소프트웨어와 그 프로그램이 실행되는 하드웨어가 분리되었음을 의미했다. 그리고 COBOL은 모든 컴퓨터에 호환되어 사용할 수 있는 영어로 이루어진 컴퓨터 언어를 개발하겠다는 호퍼의 꿈을 이룬 것이다. 이제 COBOL의 표준 매뉴얼을 개발할 일이 남았는데, UNIVAC에서의 남은 기간 동안 호퍼는 이 작업에 최선을 다 하게 된다.

호퍼는 FOLW-MATIC, COBOL의 개발에 참여하는 것은 물론이고, 많은 학술회의에 참석하여 대학, 정부, 군 및 교육계의 지도자들과 컴퓨터의 미래에 대한 생각을 교류했다. 이렇듯 컴퓨터 업계에서 놀라운 업적을 쌓았을 뿐 아니라 왕성한 활동을 보여 주었기에 해군은 1952년에 그녀를 소령으로, 1959년에는 중령으로 진급시켰다. 그리고 1962년에는 전기전자 연구소의 회원이 된 최초의 두 여성 중 한 명이 되었으며, 이듬해 미국 고등학술원의 회원으로 선정되었고, 1964년에는 여성 기술자 협회에서 공로상을 수여받았다. 한편 UNIVAC은 1961년에 시스템 및 프로그래밍 개발이사로 승진시킨 후 1964년에는 수석과학연구원으로 임명했다.

끝없는 해군에 대한 사랑

1966년, 해군은 20년 이상 해군 연구소에서 일한 60세의 호퍼에게 연말까지는 규정에 따라 퇴역해야 한다고 통보했다. 그러나 퇴역 후 7개월 만에 그녀를 임시직으로 다시 채용되었고 1986년까지 재직하게 했다. 임시직으로서의 그녀의 최초 임무는 무기를 제외한 해군 컴퓨터에 설치된 모든 프로그래밍 언어를 표준화하는 것이었다. 즉, 국방성의 해군 프로그래밍 언어 연구팀의 팀장으로서 해군에 컴퓨터를 납품하는 모든 업체들의 컴퓨터들이 표준원(ANSI)이 제시한 COBOL 표준에 적합한지의 여부를 검사하는 것이었다.

그녀는 여기에서 착안해 컴퓨터 업계의 다른 지도자들과 함께 어떤 특정한 컴퓨터에 장착된 프로그램이 ANSI 표준이 요구하는 COBOL언어와 일치 여부를 결정하는 확인 프로그램을 개발했다. 아울러 표준화되지 않은 COBOL 언어를 표준화된 버전으로 변환시키는 프로그램도 개발했다. 그리고 1971년 호퍼와 동료들은 'COBOL 기초'라는 이름의 매뉴얼을 작성하여 해군에 컴퓨터를 납품하는 모든 업체에 배포함으로써 COBOL 표준 언어를 장착하는 데 도움을 주었다.

많은 기관들은 호퍼가 보여 준 해군에서의 업적과 컴퓨터 과학계에 대한 공헌을 높이 평가했다. 정보처리학회는 1969년에 올해의 컴퓨터 과학인으로 선정하였고, 1973년 미국 하원은 그녀가 고령으로 인해 해군의 정상적인 절차로는 승진이 불가능해지자 특별법을 제정하여 대령으로 승진시켰다. 또한 같은 해 국가 기술원의 회원으로 선출되었고, 레기온상을 받았으며, 영국 컴퓨터협회의 명예회원으로 선정된 최초의 미국인이자 최초의 여성이 되었다.

1977년 해군의 직제가 개편되면서 호퍼는 워싱턴에 위치한 해군 정보처리 지휘소의 일원이 되었다. 이곳에서 그녀는 새로운 기술의 채택에 대해 조언하고 해군이 사용한 컴퓨터 기술을 평가하는 보고서를 작성했다. 그녀는 중앙집중식의 대용량 컴퓨터를 사용하는 것보다 각 개별 단말기들을 연결한 네트워크방식을 추천했고, 해군의 정보처리 시스템이 더 효율성을 발휘할 수 있는 기술을 제안했다.

그녀는 군 임무를 수행하면서 조지 워싱턴 대학의 경영과학과에서 강연하고, 스티븐 멘델과 함께 《컴퓨터의 이해》(1984)라는 대학생 교재를 출간했으며, 〈해군의 전술적 명령과 통제〉(1985)에는 '미래의 가능성, 정보, 하드웨어, 소프트웨어 그리고 인간'이라는 글을 실었다.

그해에 해군은 호퍼에게 존경의 마음을 전하는 뜻에서 캘리포니아 샌디에이고에 새로 개설된 정보처리 센터의 이름을 '그레이스 머레이 호퍼 서비스센터'로 명명했다. 1986년 미 국방성의 최고공훈훈장을 받은 호퍼는 79세의 최고령 장교로서 퇴역했다.

호퍼는 퇴역 후에도 DEC사에 수석 컨설턴트로 초빙되었고, 1986년부터 1990년까지 DEC사를 대표하여 컴퓨터 산업계의 학술회의에서 연설했으며, 고급 컴퓨터의 개념과 정보의 가치에 대해 1년에 200회가 넘는 연설을 했다. 연설 도중에는 종종 청중들에게 시간 낭비하지 말

것을 당부하면서 전자신호가 1나노[nano]초 동안 움직일 수 있는 거리인 29.5cm 길이의 전선을 보여주거나, 사람들이 다양한 사고방식을 원하는 마음에 자신의 사무실에 거꾸로 가는 시계를 달아 놓았다고 했다.

호퍼는 1991년 미 정부로부터 과학기술인에게 수여하는 최고 훈장인 국가기술훈장을 받았고, 1992년 1월 1일 자신의 집에서 85세를 일기로 사망한 후 알링톤 국립묘지에 묻혔다.

어메이징 그레이스

컴퓨터 프로그래밍의 혁명가 호퍼는 '어메이징 그레이스', '컴퓨터시대의 어머니', '소프트웨어의 위대한 여성', 'COBOL의 할머니' 등으로 불리며 컴퓨터 시대의 초기 40년간 컴퓨터 프로그래밍의 혁명에 영향을 끼쳤다. 저장된 서버루틴의 리스트에서 코드들을 선정하여 결합하도록 하는 컴파일러 프로그램은 그 이후 컴퓨터 프로그래머들이 작업하는 방식을 혁명적으로 변화시켰다. 또한 FLOW-MATIC 컴파일러 프로그램과 CODASYL에서의 연구를 통해 호환이 가능하면서 영어를 사용하고, 표준화된 COBOL 프로그래밍 언어를 상업적 용도에 맞게 개발하고 정착시키는 데 큰 공헌을 했다. 해군의 컴퓨터를 납품하던 회사들을 위한 그녀의 작업은 군용 및 상업용의 정보처리 소프트웨어와 이에 관련된 정책들을 표준화하는 계기가 되었다.

암호와 컴퓨터를 사랑한 수학자

앨런 튜링

Alan Turing
(1912~1954)

"우리는 눈앞의 가까운 곳만을 볼 뿐이지만,
거기에는 이루어져야 하는 많은 것들이 있다."

– 튜링

현대 컴퓨터의 아버지

앨런 튜링은 최초의 전자 컴퓨터들의 설계와 개발에 참여했다. 그가 개발한 튜링기계의 개념은 다목적 컴퓨터의 기본적 설계를 구성하는 데 도움이 되었고, 수학적 논리에서 발생하는 의사결정의 문제점들을 해결해 주었다. 그는 제2차 세계대전 기간 동안 독일군의 군사암호를 풀기 위한 암호 해독기를 설계하기 위해 자신의 통계학 및 암호 해독학, 논리학적 지식들을 최대한 사용하였고, 어떤 기계가 인공적인 정보를 가지고 있는지 알아보기 위한 튜링테스트 기법을 고안했다. 그는 이러한 컴퓨터 하드웨어와 소프트웨어에 대한 선구자적인 연구 결과로 '현대 컴퓨터의 아버지'라는 호칭을 얻게 되었다.

중심극한정리로 교수가 되다

앨런 매디슨 튜링은 1912년 6월 23일 영국 런던에서 아버지 쥴리어스 매디슨 튜링과 어머니 에델 사라 스토니 사이에서 태어났다. 부모들이 인도에서 사는 동안 앨런과 그의 형 존은 런던에 있는 퇴역한 군인 부부인 콜로넬과 함께 살았다. 이들 형제는 런던의 공립학교에 다니면서 방학 동안에는 부모와 함께 웨일즈, 아일랜드, 스코틀랜드, 프랑스 및 이탈리아를 두루 여행했다.

1926년 아버지가 은퇴하면서 그들의 부모는 프랑스의 북부 해변에 있는 리조트 타운인 다이나르에 정착했고, 앨런과 존은 영국 남부의 도르셋에 있는 공립 남학교인 쉐르본 스쿨로 진학시켰다. 앨런은 5년간 이 학교를 다니면서 뛰어난 수학 성적으로 많은 상을 받았고, 체스나 달리기를 즐긴다던지 혼자 화학실험을 하면서 시간을 보냈다. 그러다가 1930년 친구인 크리스토퍼 모르콤이 죽은 후 '인간의 마음'과 관련한 형이상학에 빠져들게 되는데, 이는 훗날 앨런 튜링의 컴퓨터에 대한 연구 주제에 깊은 영향을 주게 된다.

1931년 튜링은 케임브리지 킹스 대학의 입학자격을 얻어 수학을 전공했다. 대학에 입학한 후 이 학교의 모럴 사이언스 클럽에 가입했고 3학년이 되던 12월 이 클럽의 한 모임에서 '수학과 논리'라는 논문을 읽었다. 이후 그는 수학이란 다양한 해석이 가능한 학문이며, 순수 논리학의 적용만으로 한정할 수 없다는 주장을 담은 논문을 썼다.

그는 1934년 3년간의 학부 마지막 해에 '트리포'라고 불리는 수학시험의 3개 부분에서 우수한 성적을 얻어 대학원 과정에서 1년간 연구교육을 받을 수 있는 200파운드의 장학금을 받게 되었다. 학부 4학년과 대학원 과정 첫 해에 걸쳐 튜링은 확률론과 통계학에 흥미를 가지게 되었다.

1933년 가을 학기에 그는 천체 물리학자인 에딩턴 경의 과학방법론 강좌에 참석했는데 에딩턴 경은 관측 오류에 영향을 받는 경험적 추정은 거의 정규분표 또는 가우스분포를 보인다고 주장했다. 이 현상에 대한 에딩턴 경의 비공식적인 주장에 불만을 가진 튜링은 무작위적인 독립된 변수에 대한 '중심극한정리'라고 알려진 기본 정리를 수학적으로 정밀하게 증명했다.

이 내용은 이미 12년 전 핀란드의 수학자 린드버그가 증명한 결과였지만, 튜링은 이 논문 '가우스 에러 함수에 관하여'(1934)로 인해 1935년 킹스 대학의 연구교수로 선정되었고, 그해 말에 이 대학으로부터 수학 석사학위를 받게 되었으며, 그 이듬해에는 수학과 최고논문으로 선정되어 학교로부터 스미스상을 수상하게 되었다.

정규분포 도수분포곡선이 평균값을 중앙으로 하여 좌우대칭인 종 모양을 이루는 것으로 키, 지능의 분포 등이 있으며 가우스 분포라고도 한다.

튜링 기계가 탄생하다

튜링은 1935년부터 1937년까지 결정가능성의 문제를 집중적으로 연구했다. 이 문제의 출발은 1928년 힐베르트가 '어떤 수학적 명제의 증명의 가능 여부를 알 수 있는 알고리즘이 과연 존재하는가'라는 질문에서부터이다. 힐베르트는 이러한 질문은 수리논리의 핵심적인 문제로 간주했다. 그리고 3년 후에는 증명할 수 없는 수학적 명제가 존재한다는 것을 괴델이 증명했다. 그리고 이제 튜링이 〈런던 수학자협회〉에 실은 논문 '계산 가능한 수에 관하여, 결정 문제에 대한 적용과 함께'(1937)에서 그와 같은 알고리즘은 존재하지 않음을 증명했다. 힐베르트의 질문에 해답을 제시한 것이다.

튜링의 논문은 이른바 '튜링 기계'를 제안했다. 이는 그 기계가 인식한 기호와 그 기호가 들어 있는 명제들을 기초로 하여 한 명제로부터 다른 명제로 이동할 수 있는 추상적 개념의 기계이다. 또한 그는 무한

	1	0	1	0	1	0	

	Ø	0	1
S0	0, S1, right	1, S1, right	No change, S1, right
S1	1, S0, left	No change, S0, left	0, S0, left

튜링 기계는 서술과 특성의 조합이 제시되었을 때 튜링 기계가 수행해야 할 작업을 결정하는 명령어의 유한한 집합과 무한한 길이의 테이프로 구성되어 있다. 이 튜링기계의 운영 테이블에 나타난 6개의 운영 원리는 빈 테이프에서 시작하여 계산 가능한 숫자를 2진법의 형태로 확장한 1010101010…의 무한한 연속을 만들어내게 된다. S0행과 b열이 뜻하는 것은 튜링 기계에 주어진 서술이 0이고 현재의 symbol이 빈 상태라면 기계는 symbol 0을 쓴 후 서술을 1로 바꾸고 테이프상의 오른쪽에 있는 사각형으로 한 칸 이동한다는 것을 나타낸다.

한 길이를 가진 테이프를 생각해내고, 그 테이프가 사각형으로 나누어질 수 있으며, 각 사각형은 하나의 기호를 갖는다고 가정했다. 그리고 테이프의 현재 사각형 안의 기호를 인식하고 이를 지우고 교차하거나 그냥 둘 수도 있으며, 그 기호가 포함된 명제를 바꾸고 또 다른 기호를 처리하기 위해 테이프의 앞이나 뒤에 있는 사각형으로 움직일 수 있었다. 이 기계가 각 기호를 만났을 때의 행동은 운영테이블이라고 명명된 유한한 개수의 법칙들에 의해 미리 결정되어 있다. 각 명령은 현재의 명제, 현재의 기호, 지우거나 바꾸는 행동, 새로운 명제, 좌우로의 이동 등으로 표현되는 다섯 개의 특성의 집합으로 나타난다. 그리고 현재의 명제나 기호에 해당하는 명령이 없는 경우에 이 기계는 작동을 멈춘다.

이 이론적인 기계를 이용하여 튜링은 결정 문제에 대한 답을 제공할 수 있는 2개의 정밀한 명제를 소개했다.

첫 번째는 튜링 기계의 알고리즘은 유한 개의 수행이 가능한 명령 집합으로 이루어져 있고, 두 번째는 만약 빈 테이블에서 시작하여 0들과 1들의 무한한 연속으로 이진수를 확장할 수 있는 튜링기계가 존재한다면 0과 1 사이에 계산 가능한 실수가 존재한다고 정의한 것이다.

예를 들어 1101000⋯이라는 이진수는 $\frac{1}{2}+\frac{1}{2^2}+\frac{0}{2^3}+\frac{1}{2^4}+\frac{0}{2^5}+\frac{0}{2^6}+\frac{0}{2^7}+\cdots$의 무한합으로 표현되는 실수를 나타낸다.

튜링은 이 두 가지 정의를 이용하여 어떤 튜링기계가 0들과 1들의 무한한 연속을 멈추지 않고 만들어낼 수 있는지 결정하는 알고리즘이 존재하지 않음을 증명했다. 즉, '이 튜링 기계가 계산이 가능한 수를 만들어낸다.'라는 명제가 참인지 거짓인지를 결정할 수 있는 유한한 알고리즘이 존재하지 않는다는 것을 보여 줌으로써 힐베르트의 결정 문제에 대한 답이 NO임을 증명했다.

튜링은 이 논문에 관한 연구를 1936년 4월에 완성했지만, 1937년 1월까지 출판하지 못했다. 그 이유는 미국의 수학자 알론소 처치가 1936년 4월 미국 수학저널에 발표한 '기본 정수 이론의 풀 수 없는 문제'라는 논문에서 같은 결론에 도달했기 때문인데, 처치는 'λ-결정가능성'이라는 개념을 사용하여 알고리즘을 통해서 풀 수 없는 문제가 존재한다는 것을 증명했다. 서로의 논문을 읽어본 후 두 수학자들은 같은 결정 문제에 대해 각자 서로 다른 방법으로 문제를 풀었음을 알게 되었다. 튜링은 1937년 기호논리학지에 발표한 '계산 가능성과 λ-결정 가능성'이라는 논문에서 그들의 연구 결과가 같음을 증명했고, 그들이 각각 발견한 이 결론들은 '처치-튜링 정리'라고 알려지게 되었다.

결정 문제를 푸는 데 덧붙여 계산 가능한 숫자에 관한 튜링의 논문에는 적합한 알고리즘만 제공된다면 어떤 함수의 문제도 풀 수 있는 다목적 컴퓨터인 만능 튜링 기계의 개념도 소개하고 있다. 그는 종이를 통해 '인식 가능한 숫자'를 읽음으로써 다목적 기계가 어떤 종류의 계산도 수행하고 또한 자동적인 연산기능을 가질 수 있도록 프로그래밍할 수 있다고 제안했다. 이 논문에 자세하게 소개된 만능 튜링 기계는 그 후 최초의 컴퓨터 모델이 되었다.

1936년 9월 튜링은 뉴저지의 프린스턴 대학에서 처치와 함께 연구하기 위해 미국으로 갔다. 거기에서 그는 케임브리지 대학의 프록터 장학생으로 선정되어 1년간 더 체류할 수 있게 되었고, 처치의 지도하에 박사학위를 마칠 수 있었다. 그리고 〈런던 수학자협회지〉에 박사학위 논문 '기수에 기초한 논리구조'(1938)를 제출했다.

이 논문에서 그가 제시한 아이디어들은 그 후 20년간 다른 수학자들의 연구에 영향을 주었다. 예를 들어 튜링과는 독립적으로 튜링기계와 같은 개념을 고안했던 폴란드 수학자 포스트는 1940년대 초반 풀이가 불가능한 문제들을 분류하는 시스템을 개발하면서 튜링의 법칙들을 도입하였고, 1950년대 후반에는 오스트리아의 수학자인 크라이젤이 기수 논리에 대한 튜링의 기법을 확장하여 자신의 약식 증명 기법들을 개발했다.

이와 같은 이론 연구에 덧붙여 튜링은 프린스턴에 있는 동안 대수학과 수론 연역법적 체계 등에 대한 다른 연구들도 완성했다. 튜링은 〈수학 연보〉에 발표된 논문 '라이그룹에 대한 유한추정'(1938)에서 라이그룹과 관련된 대부분의 특성과 그보다 좀 더 복잡한 특징들을 포함하는 유한군으로 알려진 수학적 구조의 수립 방법을 논의했다. 같은 해에 〈수학 편집〉에 발표된 또 다른 논문 '군의 확장'에서는 독일인 수학자 바에르가 이끌어 낸 군의 확장에 관한 해를 얻는 좀 더 효율적이고 일반적인 방법을 제시했다.

또한 튜링은 리만-제타 함수의 값을 기계적으로 구하고자 시도함으로써 수론에 있어서 중요한 미해결 문제였던 '리만 가설'을 해결하는 아이디어를 찾고자 했다. 이 분야에 대해 계속 연구한 그는 프린스턴 대학을 떠난 후 런던 수학자협회에 '제타함수의 계산방법'(1943)을 발표했다.

1938년 박사학위를 받은 후 프린스턴 대학을 떠난 그는 다시 킹스대학의 교수가 되었다. 그는 프린스턴 대학을 떠날 때 이 대학 물리학과의 대학원 학생들을 위한 작업장에 자신이 만든 전자계전기들을 가지고 왔다. 이 전기 스위치들은 논리 연산자 'AND, OR, NOT'에 대응되는 것들로, 튜링과 그 동료들이 종이 위에 설계도를 그렸던 논리 게이트라고 알려진 등식들을 물체로 만든 것이다. 그들은 이 계전기들을 결합하여 숫자들을 곱할 수 있는 전자계산기의 처음 3단계를 완성했다. 그리고 튜링은 1938년에 리만-제타함수의 값을 계산하기 위해 이 계전기들을 이용한 특수 목적의 아날로그 컴퓨터들을 40파운드를 들여 제작했다. 그러나 제2차 세계대전이 그의 연구 방향을 다른 쪽으로 돌려놓는 바람에 이 프로젝트는 빛을 볼 수 없었다.

리만 가설 독일 수학자 리만이 제기한 것으로 어떤 복소함수가 0이 되는 값들의 분포에 대한 것이다. 즉 소수들이 일정한 패턴을 가지고 있다는 학설로도 볼 수 있다.

암호를 해독하다

1939년 9월 4일, 제2차 세계대전이 일어난 다음 날 튜링은 버킹검셔의 정부암호학교에 호출되었다. 그리고 독일군의 암호를 해독하는 울트라 프로젝트의 암호해독 부대에 합류했다. 독일군은 '에니그마'라고 불리는 암호기계를 개발하였는데, 그것은 3개의 회전축과 26개의 플러그판을 사용해 알파벳 숫자들을 뒤섞어 1조 개 이상의 조합이 가능한 암호문을 만들어내는 기계였다. 에니그마 초기 버전을 이용해 암호문을 해독한 폴란드 수학자들의 연구에 기초하여 튜링과 동료들은 북대서양에 정박해 있는 독일 잠수함으로 전송된 암호를 해독하는 기계를 완성했다.

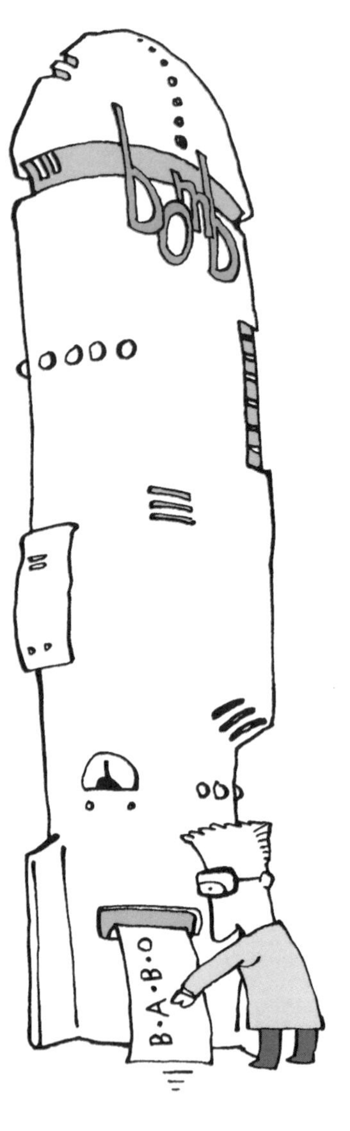

튜링은 여러 가지 방법으로 암호해독 부대의 연구에 공헌했는데, 그는 정확한 조합을 찾아낼 때까지 암호문들을 확인해 가는 암호해독기계를 전자계전기를 이용하여 제작했다. 계전기가 열리고 닫힐 때 발생하는 소리 때문에 '폭탄'이라는 이름이 붙은 이 기계는 전문을 해독하는데 몇 주가 걸리던 시간을 몇 시간으로 대폭 줄여 주었다.

튜링은 통계학 지식을 이용하여 시계열분석, 경험론적 방법론 및 가중치를 이용한 로그 등을 적용한 새로운 통계학적 암호해독 기법을 개발했다. 1940년에 그는 기밀서류로 분류된 '에니그마의 수학적 법칙'이라는 내부 보고서를 작성했는데, 이 보고서는 부대 내에서 '교수의 책'이라고 불렸다. 1941년 11월, 팀장이 된 튜링은 당시 수상이었던 윈스턴 처칠에게 훈련된 연구원이 더 필요하다는 내용의 편지를 직접 발송했는데, 울트라 계획에서 이들의 연구가 차지하는 비중과 중요성을 알고 있던 처칠 수상은 각료들에게 튜링의 요청을 우선순위로 처리할 것을 지시했다.

1941년 말까지 암호해독기 '폭탄'은 훌륭한 성

능을 발휘하여 영국군은 독일 해군의 작전지시가 발송된 지 단 몇 분만에 그 내용을 해독했다. 독일 잠수함의 작전운영에 대해 더 높은 수준의 정보를 갖게 된 덕택에 북대서양에서 연합군의 군사전개와 상업적 항로 운영이 더 안전해질 수 있었다.

1943년 독일군이 '로렌츠'로 알려진 새로운 암호기와 '피쉬'로 알려진 암호체계를 새로 개발하자 영국군과 미군의 정보부대들이 이에 대처하기 위해 상호 협력하여 최초의 전자컴퓨터를 설계, 제작했다. '콜로서스'라는 이 컴퓨터는 1,500개의 진공관을 사용하여 '폭탄'에 사용된 전자계전기에 비해 약 1,000배나 빠른 계산 능력을 갖게 되었다. 이 컴퓨터는 '폭탄'에 적용되었던 튜링의 디자인과 '폭탄'의 성공에 결정적인 역할을 한 복합적, 통계학적 알고리즘을 채택하고 있었는데, 1944년 초반까지 연합군은 콜로서스를 통해 로렌츠 암호기가 제작한 암호 대부분을 성공적으로 해독할 수 있었다. 1945년 영국 정부는 전쟁 기간 중에 수행한 튜링의 빛나는 업적을 기려 영국제국 훈장을 수여했다.

튜링은 암호해독 부대에서의 연구 활동과 더불어 수리논리에 대한 연구논문을 작성하면서 미국의 컴퓨터 설계자 및 암호해독 연구원들에게 컨설팅을 해 주었다. 1941년에는 '처치의 시스템에 관한 이론'이라는 3편에 걸친 연구논문의 원고를 작성했으나 출판되지는 않았다. 그리고 이듬해 〈수리 논리학 저널〉에서 튜링과 케임브리지 대학 시절 그의 교수였던 맥스웰 뉴만의 공저인 논문 '형태이론에 관한 처치의 법칙'과 '처치의 구조에 있어 묶음으로 사용하는 점들에 대하여'를 실었다. 이 논문들은 컴퓨터 과학자들에게 매우 유용한 방법론이 된 처치의 람다 계산을 좀 더 정밀하게 다듬은 연구 성과였다. 1942년 말, 5개월간 미국을 방문한 튜링은 코닥, 벨 연구소, 현금 등록공사, IBM, 해군 컴퓨터 연구소, 해군 암호해독 연구소, 국가통신위원회 등과 접촉하여 통신문의 암호해독과 컴퓨터 제작에 대한 아이디어들을 공유했다.

ACE 및 MADAM 컴퓨터 프로젝트

튜링은 전쟁 후 케임브리지 대학의 교수직 제의를 거절하고 정부에서 다목적 컴퓨터의 설계, 개발을 위해 런던에 설립한 국립물리학 연구소(NPL)의 수학과에 연구원으로 합류했다. 그리고 5년간 두 차례의 컴퓨터 제작 프로젝트에서 핵심적인 역할을 맡았다. 이곳에서 자신이 개발한 '폭탄' 암호 해독기를 기초로 ACE라고 알려진 전자컴퓨터를 설계했다. 그의 설계는 내부에 저장된 명령어 기능, 랜덤 액세스 기능 및 기본 명령을 다시 분석하여 프로그래밍하는 마이크로 프로그래밍 기능 같은 현대 컴퓨터의 모습을 많이 포함하고 있었다.

1946년 3월에 튜링은 ACE 제작을 위한 제안보고서 '전자계산기 제작 제안서'를 제출했는데, 이는 11,200파운드의 제작비와 함께 '논리회로도'를 포함하는 컴퓨터의 완성된 모습을 제시하고 있다. 그는 이 컴퓨터가 암호해독이나 수치계산뿐 아니라 체스게임을 하거나 퍼즐을 풀 수도 있도록 프로그래밍할 수 있는 만능 튜링 기계를 현실화하는 것이라고 주장했다. 또한 1946년 12월과 1947년 2월 영국 조달청 연설과 1947년 2월 영국 수학자협회에서의 강연을 통해 스스로 학습이 가

제2차 세계대전이 끝난 후 튜링은 내부에 저장된 명령어와 임의로 추출할 수 있는 메모리장치, 마이크로 프로그래밍 및 서브루틴에 명령을 전달하기 위해 일시기억장치를 사용하는 등 현대 컴퓨터의 기본적인 내용들을 포함하고 있는 ACE 컴퓨터를 설계했다.

능하면서 정확한 정보를 보여 줄 수 있도록 프로그래밍할 수 있는 컴퓨터에 대한 자신의 비전을 제시했다.

하지만 관료와 정치인들이 이 프로젝트의 승인을 1년간 지연시키고 심지어 이듬해에는 설계 작업을 시작하는 것조차 금지하여 튜링은 1948년에 런던 국립물리학 연구소(NPL)을 사직했다. 2년 후, 이 연구소에서는 튜링이 처음 제안한 성능보다는 규모가 작은 Pilot ACE라는 컴퓨터를 제작하는 데 성공하였고, 곧이어 DEUCE라는 상업용 컴퓨터를 만들게 되었다.

튜링은 뉴만의 제안으로 1948년 맨체스터 대학의 교수로 임용된 뒤 이곳에서 새로 설립된 왕립컴퓨터연구학회의 이사가 되었다. 이 학회의 과학자와 수학자들은 MADAM이라고 알려진 컴퓨터를 설계, 제작했는데, 튜링은 이 컴퓨터에 사용된 소프트웨어를 개발하고 컴퓨터가 정확한 수치해석을 할 수 있도록 하는 프로그램을 생성시키는 좀 더 확장된 프로그램을 만들어내는 서브루틴에 대한 표준화된 방법을 제시했다.

튜링은 〈응용수학 저널〉에 발표한 '행렬 계산에서 반올림의 오류'(1948)라는 논문을 통해 숫자들을 배열시키는 프로그램의 한계에 대해 설명하였고, 케임브리지 대학이 제작한 최신 컴퓨터 EDSAC의 발표회장에서 '많은 루틴의 검사'(1949)라는 논문을 발표하여 컴퓨터 프로그램의 정확성 여부를 확인하는 시스템적인 방법을 설명했다. 또한 맨체스터 대학 컴퓨터 연구소가 출간한《맨체스터 대학 컴퓨터의 프로그래머를 위한 방법서》(1950) 제작을 감수하면서 이 방법서에 MADAM 사용자를 위한 보다 자세한 프로그래밍 기법을 덧붙여 맨체스터 대학 컴퓨터 발표회에 제출한 논문 '컴퓨터 프로그래밍 방법과 규정'(1951)에서 소개했다.

이렇듯 컴퓨터 개발에 대한 업적이 뛰어나고, 특히 튜링 기계의 고안에 대한 공로를 인정받은 튜링은 1951년에 왕립학술원의 회원으로 선정되었다.

인공지능에 대한 튜링 테스트

1947년 런던 수학자협회의 한 연설에서 밝힌 바와 같이 튜링의 궁극적인 목적은 정확한 정보 구현 컴퓨터를 설계하고 제작하는 것이었다.

그는 인간 두뇌의 작용에 대한 더 많은 지식을 얻기 위해 케임브리지 대학에서 1947~1948년 학기 동안 신경학과 생리학을 공부했다. 그리고 1948년 런던 국립물리학 연구소(NPL)에 제출한 '똑똑한 컴퓨터'라는 논문에서는 생각하는 컴퓨터에 대한 자신의 아이디어를 소개했다.

이 주제에 관한 그의 중요 논문 〈컴퓨터와 정보〉는《마인드》에 실렸으며 이 논문에서 컴퓨터가 인공지능을 갖고 있는지의 여부를 실험해 볼 것을 제안했다. 오늘날 튜링 테스트라고 알려진 그의 '가상 게임'에서는 다른 공간에 있는 상대방에게 키보드로 질문하고 답변을 들은 후 상대방이 인간인지 컴퓨터인지를 결정해야 한다.

튜링은 향후 50년 이내에 컴퓨터 기술의 발달로 컴퓨터들은 이 게임에 잘 적응하여 질문에 대한 답을 5분 이내에 내놓게 될 것이며, 인간 실험자들은 질문에 답한 상대방이 사람인지의 여부를 70% 정도밖에 맞추지 못할 것이라고 예측했다. 튜링 테스트는 오늘날까지도 컴퓨터가 인공지능을 갖고 있는지 검사하는 데 사용되고 있다.

튜링은 컴퓨터 연구에 소요되는 자금을 정부로부터 지원받기 위해 좀 더 일반적인 목적을 지향하면서 인공지능에 대한 연구를 진행했다. 또한 BBC에서 방송된 라디오 프로그램 '컴퓨터가 생각할 수 있는가?'와 '자동 계산능력을 가진 컴퓨터가 생각할 수 있다고 말할 수 있는가?'에 출연하기도 했다.

그는 《사람의 생각보다 빠른 것》(1953)이라는 책에서 '게임에 대한 컴퓨터의 적용'이라는 장의 '체스'부분을 썼는데, 체스와 같은 게임에서 나타나는 의사결정능력은 인간 지능의 핵심적인 부분을 보여 준다고 주장했다. 또한 〈과학 뉴스〉에 발표한 '풀 수 있는 문제와 풀 수 없는 문제'(1954)라는 논문에서는 일반인들을 대상으로 컴퓨터의 문제 해결 능력에 대한 한계를 설명했다.

생물학적 성장에 대한 수학적 아이디어

1950년대 초반, 튜링은 생명체의 형성 과정을 다룬 발생학에 대한 수학 이론의 적용에 관심을 갖게 되고, 이와 관련한 여러 편의 논문을 썼지만 정작 출판된 것은 왕립학술원 학회지에 실린 '형태 발생의 화학적 기초' 한 편뿐이었다. 이 논문에서 그는 미분방정식의 최초의 조건 중 작은 변수들에 의해 일어나는 수학적 현상들로써 생명조직의 성장이 그 생명체의 장기적인 변화와 행동에 중요한 변화를 가져오는 현상을 설명할 수 있다고 분석했다. 튜링은 이런 특징을 이용하여 생명체들이 자신의 주위 환경에 적응할 때 비대칭적으로 성장하는 이유를 설명할 수 있다고 주장하면서, 동물들의 피부에 나타나는 줄무늬와 점 및 식물들의 잎사귀의 배열에 대해 설명했다.

발생학에 관한 튜링의 미발표 원고로는 〈데이지 꽃의 발생학적 개요〉, 〈식물의 발생에 관한 확산반응이론〉이 있으며, 영국인 생물학자 와들로우와 함께 쓴 3부작 논문 '식물 이파리 배열에 관한 발생학적 이론'이 《식물 이파리 배열의 기하학적, 서술적 설명》, 《발생학의 화학적 법칙》, 《구면대칭의 경우에 있어 발생학적 방정식 풀이》라는 3권의 책에 각각 1장씩 포함되어 출판되었다.

튜링은 인공지능과 발생학이라는 주제에 관해 연구하면서 순수수학에 대한 연구도 계속했다. 〈수학 연감〉에 발표된 '준군과 소거에 관한 문제들'(1950)에서 대수적 원소들의 조합이 그것의 수학적 구조의 항등원과 같은지를 결정할 수 있는 알고리즘의 존재성에 관하여 연구했다. 포스트가 준군으로 알려진 구조하에서 그런 알고리즘은 존재하지 않는다는 것을 증명하였는 데, 튜링은 같은 결과가 소거법칙이라고 알려진 추가 조건을 만족하는 준군에는 적용될 수 있음을 증명했다. 또한 〈런던 수학학회〉지에 발표한 '리만 제타 함수에 관한 계산'(1953)이라는 논문에서는 리만 제타 함수의 값을 계산하는 데 컴퓨터를 이용하여 1930년대 후반에 개요를 잡아두었던 자신의 개념들을 펼쳤다.

그러던 중 1952년 튜링은 동성애 혐의로 체포되어 외설금지법 위반으로 기소되었다. 그로 인해 비밀정보 사용 허가가 취소되었고, 1년간의 보호관찰과 더불어 여성호르몬 치료를 선고받게 되었다.

그는 1954년 6월 7일 청산가리를 사용한 전기분해 실험 도중 치명적인 분량의 독극물을 흡입하고 말았는데, 그의 시체 옆에 있던 반쯤 남은 사과에서 청산가리를 발견한 경찰은 그의 죽음을 자살로 결론 내렸다.

현대 컴퓨터의 아버지

연구 일생을 통틀어 앨런 튜링은 순수 수학자 및 컴퓨터 기술자이자 컴퓨터 과학자로서 다양하게 활동했다. 그가 고안한 튜링기계는 수리논리학의 결정 문제에 대한 답을 제시하였고, 암호화된 전문을 해독하기 위해 제작한 '폭탄'과 '콜로서스'에서 큰 역할을 한 전기계전기를 만들었으며 다목적 컴퓨터인 ACE의 제작에 참여했다.

또한 컴퓨터 과학자로서 MADAM 컴퓨터 사용자를 위한 프로그래밍 기술을 개발하였으며 인공지능 테스트를 위한 튜링테스트를 고안했다. 또한 그는 암호해독을 위한 알고리즘 개발과 생명체의 발생학적 구조 규명 및 리만 제타 함수의 분석에 통계학, 군론, 정수론, 논리학 등 수학의 다양한 분야에 걸친 자신의 지식을 총동원했다.

1966년 컴퓨터 과학자들의 국제적 모임인 컴퓨터학협회는 컴퓨터 과학 분야에 큰 공헌을 한 컴퓨터 과학자나 컴퓨터 기술자에게 수여하는 튜링상을 제정했다. 협회에서 수여하는 가장 권위 있는 상의 이름을 튜링으로 정함으로써 컴퓨터에 관한 수학적 기초를 명백히 하고 아울러 컴퓨터의 한계를 보여 준 연구를 높이 기리었다. 컴퓨터 하드웨어와 소프트웨어에 대한 선구적인 업적과 컴퓨터 미래에 대한 탁월한 비전으로 인해 오늘날까지도 튜링을 '현대 컴퓨터의 아버지'라고 부른다.

자유로운 수학자

폴 에르되스

Paul Erdos
(1913~1996)

"수는 왜 아름다운가?
이것은 베토벤 9번 교향곡이 왜 아름다운지 묻는 것과 같다.
당신이 이유를 알 수 없다면, 남들도 말해 줄 수 없다.
나는 그저 수가 아름답다는 것을 안다. 그게 아름답지 않다면,
아름다운 것은 세상에 없다."

– 폴 에르되스

여행하는 연구자

폴에르되스는 70년에 걸친 연구 생활 동안 500명 이상의 동료수학자들과 함께 1,500편이 넘는 연구논문을 썼다. 그는 어떤 대학이나 학술기관에서도 공식적인 지위를 받은 적이 없었지만 강연과 방문연구를 위해 전 세계를 여행하면서 다른 수학자들과 수학적 관심사에 대해 토론했다. 이러한 공동 연구를 위한 협력적인 접근은 수학자들의 연구 방법을 변화시키는데 큰 영향을 주었다.

에르되스는 그래프론, 조합론, 집합론 분야에서 큰 공헌을 했고, 램지이론과 확률론적 정수론 및 극한이론이 새로운 수학의 분야로 자리 잡도록 해 주었다. 그의 가장 중요한 발견은 정수론 분야인데, 그는 소수와 과잉수, 연속되는 정수의 곱 및 정수의 수열들의 정리에 관한 새로운 증명들을 고안했다.

그의 다양한 언어 구사 능력, 독특한 개성과 사람들의 호기심을 자극하는 능력은 그를 국제 수학계의 명사로 만들었다.

똘똘한 소년 에르되스

에르되스는 1913년 3월 26일 헝가리 부다페스트에서 유태인 부모인 라호스와 안나 에르되스 사이에서 태어났다. 두 누이 마그다와 클라라는 그가 태어나기 며칠 전 성홍열로 죽었고, 1년 후 제1차 세계대전 중에 러시아군이 그의 아버지를 체포하여 6년간 노동수용소에 감금했다. 그로 인해 어머니의 과잉보호 속에서 고립적인 양육을 받으며 자라게 되어 그는 11살이 되어서야 겨우 신발 끈을 묶게 되었고, 21살이 될 때까지 자기 빵에 버터를 발라본 적도 없었다. 성인이 되어서도 요리를 하거나 운전을 배우지 않았기 때문에 늘 친구나 동료들의 많은 도움이 필요했다.

부모님이 고등학교 수학교사였던 에르되스는 어릴 때부터 매우 수학적인 환경 속에서 자랐다. 2살이 되었을 때 이미 간단한 덧셈을 할 줄 알았고, 3살 때는 음수의 개념을 이해했는데 한 번은 어머니에게 '100－250은 －150이다'라고 답한 적도 있었으며, 4살 때 이미 4자리 숫자의 곱셈을 암산할 수 있었다.

그는 어린 시절 교육의 대부분을 가정에서 받았고, 아버지가 재직 중이던 친트이스트반 고등학교에 입학했다. 고등학교에 입학한 후 친구들과 〈중·고등학생을 위한 수학〉에 실린 문제들을 경쟁하면서 풀곤 했다. 1926년부터 3년간 이 잡지의 문제들에 대한 그의 해답이 사진과 함께 종종 실렸다. 사실 에르되스는 뛰어난 계산 능력과 문제 해결 능력을 갖고 있었지만, 그보다는 어떤 수학적 특징이 참인지 거짓인지를 설명하는 논리적 논쟁에 더 관심이 많았다. 한 가지 예를 들면 17살에는 직각삼각형의 세 변의 길이에 관한 피타고라스 정리의 증명을 37개나 알고 있을 정도였다.

부다페스트에서 온 마술사

에르되스는 고등학교를 졸업하면서 치른 대학 입학시험에서 최고 점수를 받았고, 헝가리에서 수학과 과학 분야의 가장 재능 있는 젊은이들이 모인 국립대학 PPT에 입학하기로 결정했다. 그는 종종 수학문제와 증명에 관해 연구하고 토론하는 모임의 학생들과 공원에서 만나거나 교외로 소풍을 가곤 했다. 때로는 깊은 생각을 하면서 침묵에 잠겨 있다가 순간 멋진 아이디어가 떠오르면 껑충껑충 뛰어다니며 팔을 휘두르면서 열정에 못 이긴 채 돌아다녔다. 그와 친구들은 에르되스가 발견한 아이디어가 문제를 풀거나 정리를 증명하는 데 도움이 되는지에 대해 토론했다.

18살인 대학 1학년 때는 80년 전 러시아의 수학자 체비세프가 증명한 수학적 특질에 관한 새로운 증명을 발견했다. 그것은 자신과 1 이외의 어떤 양의 정수로도 나누어질 수 없는 소수에 관한 것이었다. 체비세프는 1보다 큰 어떤 정수 n에 대하여 n과 $2n$ 사이에 적어도 하나의 소수가 존재함을 증명했다. 예를 들어 $n=5$이면 5와 10 사이에는 소수 7이 존재하며 $n=13$일 경우 13과 26 사이에 소수 17, 19, 23이 존재한다. 세비체프는 이 명제가 참임을 증명하기 위해 고급 수학 기법을 사용하여 긴 설명을 해야 했는데, 에르되스는 훨씬 짧고 이해하기 쉬운 증명방법을 발견했던 것이다. 그 역시 만약 $n \geqq 7$일 경우 n과 $2n$ 사이에 $4k+1$ 및 $4k+3$의 형태로 최소 2개의 소수가 존재함을 보여 줌으로써 이 정리를 증명했다. 체케트 대학의 수학 교수인 칼마르가 에르되스의 증명을 독어로 번역하여 자신의 대학 학술지인 〈체케트 대학의 과학적 업적〉에 실었는데, 논문 '체비세프 정리의 증명'(1932)은 에르되스가 수학 연구 인생에서 쓴 1521편의 논문 중 첫 번째가 되었다.

이듬해 에르되스는 정수론자인 실베스터와 슈르가 과잉수의 분포에 대해 증명한 정리에 대해 새로운 증명 방법을 발견했다. '과잉수'란 자신보다 작은 모든 약수의 합이 그 자신보다 큰 양의 정수를 말하는데, 예를 들어 1+2+3+4+6이 12보다 크기 때문에 12는 과잉수가 된다. 에르되스는 이러한 과잉수의 분포에 관한 증명을 런던 수학학회지의 '실베스터와 슈르의 정리'(1934)라는 논문에서 설명했다. 에르되스의 연구에 감명받은 슈르는 그를 가리켜 '부다페스트에서 온 마술사'라고 불렀다. 이 두 편의 논문을 통해 에르되스는 수학 박사학위를 받았다.

에르되스 숫자

공원에서 함께 수학 문제들을 토론했던 에르되스의 친구들은 그의 연구 인생에 많은 영향을 끼쳤다. 에르되스와 튜란은 공동 연구논문 '정수론의 기본적인 문제에 관하여'(1934)를 〈미국수학〉에 발표했다. 같은 해에 그와 체커는 〈체케트 대학의 과학적 업적〉에 '주어진 차수의 가환군의 수와 이와 관련한 정수론적 문제들'이라는 논문을 공동 발표

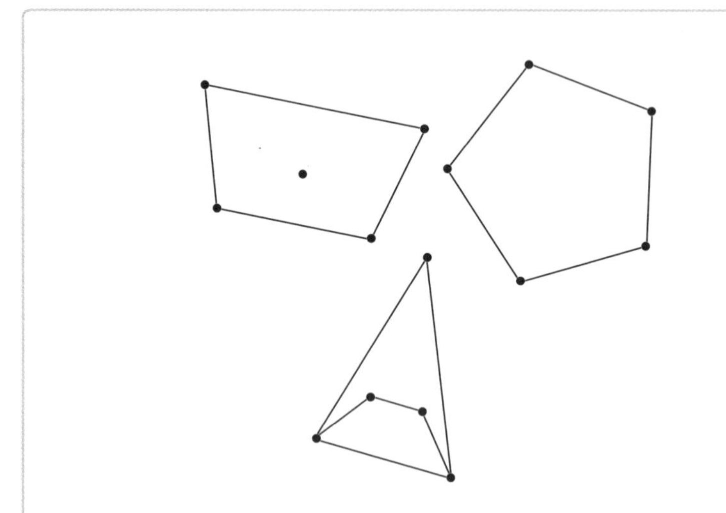

'해피엔드 문제들(Happyend Problem)'은 평면 위의 5개의 점으로 이루어진 집합에 있어서 이 점들 중 3개가 하나의 직선 위에 존재하지 않는다면, 이 점들 중 4개를 연결하면 볼록 사각형이 된다는 것을 뜻한다.

했다. 한편 클라인은 종이 위에 무작위로 뿌려진 다섯 개의 점의 순열에 관한 성질을 발견했는데, 클라인과 에르되스, 체커는 이 특징을 그 점의 숫자를 확대한 결과로 일반화하기 위한 연구 작업을 했다. 그리고 그동안 클라인과 체커는 사랑에 빠져 결혼하게 되었다. 이후 에르되와 체커는 〈수학 편집〉에 '기하학에 있어서 조합론적 문제'(1935)라는 논문을 발표했는데 이 문제를 에르되스는 '해피엔드 문제들'이라고 불렀다.

그에게는 500명이 넘는 공동 연구자들이 있었는데, 이들은 수학자들의 연구 방식을 바꾸는 데 영향을 미쳤다. 그가 최초의 논문을 발표한 1932년에는 수학 학술지에 실린 논문들 중 10% 만이 두 사람 이상의 공동 논문이었다. 대부분의 수학자들은 혼자 연구했으며, 자신들이 어떤 정리를 성공적으로 증명할 때까지 다른 수학자들과 의견을 교환하지 않았다. 하지만 70년 후에는 수학 분야에서 발표되는 연구논문의 50% 이상이 공동 연구논문이었고, 수학자들은 자신이 아직 증명하지 못한 수학적 아이디어들을 다른 학자들과 토론하고 공동으로 연구하게 되었다. 에르되스는 이런 변화에 다른 어떤 학자들보다 더 큰 영향을 주었다.

에르되스와 함께 연구했던 수학자들은 '에르되스 숫자'라는 것을 만들었는데, 이 숫자는 자신들이 얼마나 많은 수의 연구자들과 함께 연구했는지를 보여주는 지표를 의미한다. 에르되스 자신의 에르되스 숫자는 0이고, 에르되스와 함께 공동 논문을 쓴 적이 있는 500여명의 학자들의 에르되스 숫자는 1이며, 에르되스와 함께 공동 연구를 한 적은 없지만 에르되스와 연구한 적이 있는 에르되스 숫자 1인 학자와 함께 논문을 쓴 적이 있는 6,000여명의 학자의 에르되스 숫자는 2가 된다. 에르되스 수가 2인 학자들과 함께 연구한 사람들의 에르되스 숫자는 3이 되는 방식을 반복하는데, 현존하는 대부분의 수학자들의 에르되스 숫자가 10을 넘지 않는다는 사실은 현대 수학 연구의 공동 연구 방식에 있어서 에르되스의 중심적인 위치를 잘 설명해 준다.

정수론의 권위자

1934년 파스마니 대학에서 박사학위를 받은 에르되스는 4년간 영국 맨체스터 대학에 재직하면서 유럽의 다른 나라에 있는 대학 동료들을 방문하기 위해 여행을 많이 했다. 그러나 그의 방문 연구는 길어야 몇 주를 넘기지 않았으며 이런 방식은 그의 연구 일생 동안 계속 유지되었다. 이 기간 동안의 공동 연구를 통해 총 46편의 연구논문을 썼는데 대부분은 정수론에 관한 것이다. 〈런던 수학협회〉는 이 중 16편을 실었는데, 여기에는 '수열의 밀도에 관하여'(1935), 'k개의 급수의 합으로서 정수를 표현하는 것에 관하여'(1936), '소수의 제곱의 합과 차에 관하여'(1937) 및 '이진법의 형태로 표시할 수 있는 정수에 관하여'(1938) 등이 있다.

이 시기에 에르되스의 연구 중 가장 주목할 만한 것은 수학의 새로운 분야인 극한이론에 관한 두 개의 연구 결과인데, 에르되스는 러시아의 톰스크 대학의 수학 및 기계 연구소에서 간행하는 〈연구 통신〉에 실린 '다른 두 수의 곱을 나눌 수 없는 정수들의 수열에 관하여'(1938)에서 정수론의 문제를 해결하기 위하여 그래프론을 사용했다.

그의 이러한 새로운 문제 접근 방식에 기초하여 튜링이 극한이론을 개발했다. 같은 해에 에르되스와 중국인 수학자 코 및 독일 출신의 라도는 에르되스-코-라도 정리를 완성했는데, 이 정리는 1961년에 '유한집합의 시스템에 관한 교점 정리'로 옥스퍼드 대학의 〈수학 저널〉에 실릴 때까지 어디에도 출판된 적이 없었음에도 불구하고 완성되자마자 극한이론의 기본적인 정리가 되었다. 에르되스는 중심적인 문제를 제기하고 새로운 문제 해결 방식을 보여 줌으로써 '극한이론'이라는 새로운 수학 분야가 발전하는 데 있어 많은 공헌을 했다.

1938년 유럽에서 제2차 세계대전이 일어나자 미국으로 피난한 에르되스는 뉴저지, 프린스턴 대학의 고등 연구소에 1년간 수학 연구교수로 임용되었다. 폴란드의 수학자 카크가 프린스턴 대학에서의 강연에서 영감을 얻은 그는 정수론적 문제의 해결에 확률의 기법을 적용하는 방법을 연구하게 되었다. 두 수학자들은 양의 정수인 n에 있어서 n보다 작은 소수인 제수는 정규분포를 보인다는 것을 발견했다. 에르되스-카크 정리라고 알려진 이 중요한 정리는 〈미국 수학학회〉에 '가법정수함수의 정리에 관한 오류의 가우스 법칙'(1940)으로 발표되었다. 이 논문은'에르되스 방법'이라는 새로운 기법을 소개하고 있으며, 확률론적 정수론으로 알려진 수학에 새로운 지평을 열었다.

에르되스는 연속된 수의 곱은 제곱이 될 수 없다는 것을 증명하였는데, 이는 증명하기 어려운 문제들을 잘 정의하고 풀어낸 그의 연구스타일을 대표하는 결과라고 할 수 있다. 이 주제에 관한 두 편의 연구논문은 〈런던 수학자협회〉에 '연속되는 수의 곱에 관한 연구Ⅰ, Ⅱ'(1939)로 발표되었다.

1940년부터 1954년까지 에르되스는 펜실베이니아 대학, 퍼듀 대학, 미시간 대학 및 노트르담 대학에서 잠깐씩 근무했지만 정식으로 재직한 대학은 없었다. 매 학기마다 정규과목을 강의하는 것은 그의 흥미를 끌지 못했고, 오히려 북미대륙 전역을 여행하면서 강연하고 동료 수학자들의 집을 방문하여 수학적인 문제들을 토론하는 것을 즐겼다. 이 때문에 새로운 대학이나 연구소에서의 강의는 매번 며칠을 넘기지 못했다.

이 기간 동안 에르되스는 연간 40편의 연구논문을 쓰고, 매년 20명이 넘는 새로운 연구 동료들을 만났다. 여행하는 동안 그는 갈아입을 옷 한 벌이 들어 있는 가방과 연구논문들의 복사본, 자신의 수학적 아이디어들을 메모해 놓은 공책이 들어 있는 종이가방만을 들고 다녔다.

그는 여러 나라에서 활동하는 동료 학자들과 1년에 1,000여 통이 넘는 편지와 엽서를 주고받으며 의견을 교환하였는데, 다른 동료 수학자들의 집을 방문할 때마다 그는 감사의 뜻으로 다음과 같은 유명한 말을 남기곤 했다.

"다른 집에서 또 다른 증명을 발견했다."

수학에 대한 다양한 공헌

에르되스는 자신의 독자적인 연구 및 다른 학자들과의 공동 연구를 통해 수학의 다양한 분야에 중요한 업적을 남겼으며, 새로운 분야의 연구 방법을 개발하기도 했다. 〈수학 연감〉에 실린 그의 논문 '중복로그의 법칙'(1942)은 정수론에 매우 중요한 영향을 미쳤다. 또한 타스키와 함께 현대 집합이론의 기초가 된 연구 결과인 '접근이 불가능한 기수'에 대한 최초의 연구를 시작했는데, 이들의 연구 결과는 〈수학 연감〉에 '상호 배제관계인 집합'(1943)으로 발표되었다.

계산의 수학이라고 할 수 있는 조합론에 있어서는 '분할'에 관하여 많은 증명을 남겼는데, 예를 들면 4를 표시하는 방법은 4, 3+1, 2+2, 2+1+1 또는 1+1+1+1이 있는데, 〈계산의 방법〉(1973)에는 이 주제에 관한 그의 연구 결과들이 담겨 있다.

분할 정수를 다른 정수들의 합으로 표시하는 방법의 수

기하학 분야에서는 사각형을 분할하여 분할된 사각형이 각각 다른 크기의 사각형이 되도록 하는 방법을 발표하였고, 무작위적인 정보의 집합에 나타나는 패턴을 연구하는 램지 이론과 같이 수학에서 덜 알려진 연구 분야를 대중화하는 데 많은 공헌을 했다.

에르되스는 램지 이론의 특성을 가지는 그래프가 존재함을 증명함으로써 그래프 이론에 확률론적 방법을 도입했는데, 램지 이론의 성질을 갖는 조건을 만족시키는 그래프의 존재에 대한 확률이 있음을 증명했다. 이 분야에 대한 그의 연구는 〈미국 수학학회〉에 게재된 논문 '그래프론의 특징'(1947)에 소개되었는데, 그는 여기에서 오늘날까지도 이산 수학자들과 이론 컴퓨터 학자들이 사용하는 확률론적 방법론을 처음으로 소개했다.

1949년 에르되스는 노르웨이의 수학자 젤베르크와 함께 소수이론

에서의 매우 정밀한 정리를 고안함으로써 자신의 연구 경력에서 가장 탁월한 업적을 남기게 되었다. 정수론에서 매우 유명한 이 정리는 양의 정수 n에 있어서 n보다 작은 소수의 개수는 약 $\frac{n}{\ln n}$개가 된다는 것이다. 이 정리는 1800년 전후 프랑스의 레전더와 독일의 가우스가 발표하였고, 1896년에는 프랑스의 하드마르와 벨기에의 포아송이 증명했는데, 에르되스와 젤베르크는 각각 독립적인 연구를 통해 이 유명한 정리를 더 간단하게 증명할 수 있는 두 개의 법칙을 발표했다. 하지만 이들의 연구 결과는 수학자 사회에서 인정을 받았음에도 불구하고 두 학자가 자신의 연구 내용을 도용했다는 이유로 서로 고소하는 바람에 그 의미가 퇴색하고 말았다.

이들의 논쟁이 진정된 후 젤베르크는 1950년에 40세 이하의 수학자 중 훌륭한 연구 업적을 남긴 사람에게 수여하는 필즈상을 수상하였고, 에르되스는 1951년 미국 수학자협회가 정수론 분야에서 가장 탁월한 논문 저자에게 수여하는 프랭크 넬슨 콜 상을 수상했다. 에르되스의 연구 결과는 미국 과학원에서 출간한 학술지에 논문 '소수 이론의 기본적 증명을 위한 기초 소수이론의 새로운 방법'(1949)으로 실렸다.

괴짜 천재

그의 외국 여행은 여러 가지 이유로 제한을 받았는데, 1940년대에는 제2차 세계대전으로 인해 동유럽에 있는 그의 가족과 동료 교수들을 방문할 수 없었고, 1954년부터 1963년까지는 미국 정부에서 그의 입국을 거부했다.

1941년 8월 그와 영국인 수학자 스톤 및 일본 출신의 가쿠타미는 뉴욕시 롱 아일랜드에 설치되어 있는 군용 레이더 시설에 침입한 혐의로 체포되었다. 미국정부의 관리들은 에르되스가 국가 안보에 위험한 인물이라는 이야기를 할 때마다 이때 체포된 사실과 공산권 국가에 있는 동료학자들과의 친분 관계를 들먹이곤 했다. 자신의 입국이 다시 허용될 때까지 에르되스는 주로 캐나다를 방문해 그곳에서 그와 공동연구를 원하는 미국 수학자들을 만나 의견을 교환하곤 했다.

그는 늘 어머니와 친밀한 관계를 계속 유지하였는데 그녀는 20년 이상 에르되스가 발표하는 논문들을 모두 모아서 그 사본을 요청하는 동료 학자들에게 보내 주었고 매년 여름을 에르되스와 함께 헝가리 과학원의 영빈관에서 보냈으며, 이곳에서 그의 동료 연구자들을 만나기도 했다. 그녀는 1964년부터 1971년 사망할 때까지 에르되스와 함께 여행했는데, 그녀가 죽은 후에는 뉴저지에 있는 AT&T의 벨[Bell]연구소 연구원인 론 그레이엄과 판 정이 그녀의 역할 중 많은 부분을 대신해 주었다. 이들은 에르되스에게 편지를 보내고 그의 비자 문제를 처리해 주었으며 세금 납부를 확인하고 여행을 위한 교통편을 주선해 주었다. 심지어 자신들의 집에 한 층을 더 지어서 에르되스가 자신의 집에 머무는 것처럼 느끼게 침실과 화장실, 서재를 주기까지 했다.

에르되스는 다른 사람들이 자신의 일상생활에 필요한 일들을 해 주는 동안 모든 시간을 수학 연구에 몰두했다. 보통 5시에 일어나 하루에 19시간씩 연구에 몰두했으며, 잠깐씩 눈을 붙이는 것이 휴식의 전부였다. 때로는 서로 다른 문제를 연구하는 세 그룹의 수학 연구자들이 그의 집에 동시에 모여 토론할 때도 있었는데, 에르되스는 마치 체스 챔피언처럼 이 그룹, 저 그룹을 옮겨 다니며 각 그룹이 세 개의 정리를 동시에 진행할 수 있게 이끌곤 했다. 심지어는 백내장 수술을 받을 때에도 의사에게 수술 중 다른 한쪽 눈으로 책을 읽을 수 있게 해 달라고 부탁할 정도였다. 물론 이 요구는 거절당했지만 다른 수학자들이 수술 중에 수술실에 들어와서 수학 문제들에 관해 토론하는 것은 허용해 주었다. 그런가 하면 그는 1996년 미시간 주의 칼라마 주에서의 학술회의 중에 쓰러져 병원으로 실려갔으나 의사들에게 자신과 함께 학술회의장에 참석해 줄 것을 요청하여 그날 저녁 회의에 참석하기도 했다.

에르되스는 수학적 재능을 가진 학생들에게 그의 시간과 얼마 안 되

는 수입을 아낌없이 나누어 주는 것으로도 유명했는데, 1984년 울프상을 받으며 함께 받은 5만 달러의 상금 중 3만 달러를 이스라엘의 테크니온 대학 장학기금으로 기부하였고, 나머지 상금도 720달러만 남기고 모두 기부했다. 또 그는 종종 재능 있는 학생들을 만나고 어려운 문제를 해결한 학생들에게 상을 수여하기 위해 자신의 여행 일정을 수정하기도 했다. 그가 수여한 상금은 기초적인 문제를 해결한 학생에게 주어지는 10달러에서부터 몇 년간의 연구가 필요한 어려운 문제를 해결한 학생에게 주는 3,000달러까지 다양했다. 때로는 저녁식사를 하면서 함께 한 손님들에게 향후 몇 년간 그들을 괴롭힐 10개의 수학 문제를 종이에 써서 주기도 했다.

그는 다른 수학자들이 '에르되스답다'라고 표현하는 다양한 어록을 남겼다. 예를 들어 다른 수학자들과 토론할 준비가 되었을 때는 '내 머리가 열려버렸다'고 했고, 어린이들을 가리켜 수학자들은 작은 양을 표시하는 그리스어 알파벳인 '입실론'이라고 불렀으며, 소련은 과거 공산주의 독재자인 조세프 스탈린의 이름에서 딴 '조', 미국은 엉클 샘에서 따온 '샘'이라고 불렀다. 사람이 태어났을 때는 '도착한'것이라고 했고, 죽음은 '떠났다'라고 했다. 더 나아가 그에게 있어 불합리한 법률은 '하찮은 것'이었고, 연구를 중단한 수학자를 가리켜 '죽은 것'이라 했으며, 음악과 술을 전혀 즐기지 않았던 그는 이것들을 가리켜 '소음'과 '독'이라고 불렀다. 한편 그는 커피를 너무 좋아한 나머지 연구 중에 커피를 수없이 마셨는데, 종종 수학자란 커피를 정리와 법칙으로 바꾸는 사람이라고 말하기도 했다.

에르되스는 수학이 과학이면서 동시에 예술이라고 믿었던 사람이다. 그는 결론이 참임을 증명하는 것을 받아들인다는 것은 상상조차 하지 않았고, 창조적이고 통찰력이 있으며 잘 고안된 정밀한 형태의 증명을 좋아했다. 그는 지루한 방법으로 새로운 연구 결과나 법칙을 만들어냈을 때보다 간결한 증명 방법을 찾아냈을 때 더 큰 자부심을 가졌다. 세브체프의 정리에 관한 그의 첫 번째 논문과 소수이론에 관해 젤베르크와 함께 쓴 논문을 포함하여 대부분의 그의 논문들은 '아름다운' 증명을 담고 있다. 그는 스스로를 가리켜 농담처럼 '극렬 파시스트'인 자신은 수학적 연구 결과들의 최고의 증명들로 가득 찬 '책'을 갖고 있다고 이야기 했고, 훌륭한 증명법을 발견하거나 알게 되었을 때 이 증명은 '책으로부터 나온 것'이라고 했다.

에르되스는 자신의 죽음에 대해 많은 생각을 하고 종종 이야기하기도 했다. 그가 10대였을 때에는 자신이 허약한 노인이 되는 것을 걱정하기도 했고, 곧 죽을 수도 있다고 고민하기도 했다. 그가 어린아이였을 때에는 과학자들은 지구의 나이가 20억년 정도 되었다고 이야기했는데, 지금은 그들이 지구의 나이를 45억년이라고 이야기하는 걸로 봐서 자신은 25억 살이 된 사람이라고 농담하기도 했다. 55세가 되었을 때에는 자신을 폴 에르되스, P.G.O.M.이라고 불렀는데, 이는 '가난하지만 위대한 노인-Poor Great Old Man'의 준말이다. 5년마다 그는 이름 뒤에 한 글자씩을 덧붙여 나중에는 폴 에르되스, P.G.O.M.L.D.A.D.L.D.C.D.가 되었는데 이를 풀이하면 '가난하지만 위대한 노인이며, 살아 있지만 죽은 사람이고, 고고학적 유물이며, 법적으로 죽었고, 죽은 것으로 간주할 수 있는 사람 : Poor Great Old Man, Living Dead, Archaeological Discovery, Legally Dead, Counts Dead'이 되는데 맨 마지막 두 글자는 75세가 지나면 공식적으로 회원이 될 수 없는 헝가리 과학학술원에서의 자신의 위치를 빗댄 것이었다.

에르되스는 1996년 9월 20일 폴란드의 바르샤바에서 개최된 정수론 워크숍에 참석하던 중 호텔에서 심장 발작으로 쓰러져 병원으로 옮겨졌으나 83세를 일기로 사망했다. 그가 죽기 오래전부터 수학자 사회에서는 수학에 대한 그의 공헌을 여러 방법으로 기리기 시작했다. 15개의 대학에서는 그에게 명예박사학위를 수여하고, 8개국의 과학학술원에서 그를 회원으로 위촉했다. 수학자들은 그의 생일을 기념하는 수많은 국제 학술회의를 개최하고, 그의 논문집을 발간했다. 그의 사후 그레이엄과 정은 정수론에 관한 에르되스의 문제들 중 미해결된 문제들의 목록을 발표하고, 이 문제들을 해결하는 수학자에게 상을 수여할 것을 공표했고, 텍사스의 은행가이자 아마추어 수학자인 앤드류 빌이 수학의 다른 분야에서의 에르되스 문제를 해결하는 사람에게 수여할 상금을 내놓았다.

공동 연구의 장을 연 에르되스

폴에르되스의 1,521편의 논문들은 그를 수학사 전체에서 빛나는 연구자이자 논문 집필자로 만들어 주었다. 그중 1,100편이 넘는 논문을 다른 학자들과 공동 집필함으로써, 다른 수학자들에게 공동 연구의 필요성과 이점을 일깨워 주었다. 그는 정수론, 조합론, 그래프론 및 집합론의 정립에 있어 큰 업적을 남겼을 뿐 아니라 극한이론, 확률론적 정수론, 램지 이론 등 수학의 새로운 분야의 태동에도 발자취를 남겼다. 그는 20세기의 수학을 대표하는 몇 안 되는 학자 중의 한 사람이다.

이들은 세계를 숫자와 패턴, 방정식으로 이해하고자 했던 사람들이라고도 할 수 있다. 이들은 수백 년간 수학자들을 괴롭힌 문제들을 해결하기도 했으며, 수학사에 새 장을 열기도 했다. 이들의 저서들은 수백 년간 수학 교육에 영향을 미쳤으며 몇몇은 자신이 속한 인종, 성별, 국적에서 수학적 개념을 처음으로 도입한 사람으로 기록되고 있다. 그들은 후손들이 더욱 진보할 수 있게 기틀을 세운 사람들인 것이다.

이미지 저작권

표지